雪腐病

SNOW MOLD

松本直幸 著

北海道大学出版会

はじめに

北海道の大地はほぼ4か月間雪に覆われ，その前後1か月は緑がない。いわば半年冬である。このような気象条件下でも夏は日照時間も長く，植物の生育に適している。寒冷積雪地帯では，生物にとっていかに冬を過ごすかが重要な鍵であり，そのため野生植物はさまざまな越冬戦略を発達させた(酒井，2003)。秋播コムギや牧草などの越年性農作物は，ヒトの庇護のもと，適した品種・作物が選択され栽培されてきた。その結果生産性は飛躍的に向上したが，最近は新たな問題が起きている。温暖化という地球規模の気象変動である。

気象変動は地球規模では一様でない。その影響は北半球の高緯度地帯がもっとも著しいと考えられ，したがって農業生産もこの地帯で大きく左右されると予想される(Murray and Gaudet, 2013)。気温が上昇し冬の期間が短くなると，農作物に影響を与える生物的・非生物的要因も，地域的な変動に反応して変化する。生物的要因とは，積雪下で農作物などに発生する病害，すなわち雪腐病であり，本書の主題である。非生物的要因としては，寒さによる凍害や凍結と融解を繰り返すことによる氷結(ice encasement)が重要である。

以上の事情を背景に，2012年には植物と微生物の低温適応に関する国際会議(Plant and Microbe Adaptations to Cold)が札幌で開催された。そこでは，寒冷地域における持続的農業生産のためのリスク管理がメインテーマとして掲げられた。研究者のみならず，農家や行政担当者も参加し議論されたが，もちろん決定的な対応策が提示されたわけではない。しかし，農作物の越冬性を高める技術は間違いなく向上している。たとえば，2011～2012年にかけての岩見沢地方では，根雪日数が163日であったと推定され(井上聡，私信)，農業関係者を心配させた。これは，1948年の積雪観測開始以来の豪雪記録であった。それでも，雪腐病は秋播コムギに深刻な被害を与えることはなかった。

冬期の気象変動については，夏期の干ばつなどと異なり，農業生産に及ぼす影響はあまり記録されていない。Gudleifsson(2013)がアイスランドにおける例を示している。古い記録と氷河の氷コアの分析から，900～1200年までの気候は現在と同じくらい温暖であったが，その後1900年までは36％の頻度で牧草は氷結により被害を受けた。すなわち，冬の寒い年には一時的な気温のゆるみで生じた融雪水が強く長期間凍結し植物は枯死した。1900～2010年のデータを解析したところ，年間の牧草生産量は夏の気温(r＝0.28***)よりも冬の気温(r＝0.57***)と高い相関があった。近年の温暖化傾向は，短期的には牧草の生産性を高めると考えられる。

温暖化傾向は，北海道農業においても影響を与えている。多くの作物において，生育期間の延長，作付け地帯の拡大，冷害発生頻度の低下などにより，生産の増大や品質の向上が見られる。冬期間を積雪下で過ごす牧草や秋播コムギにおいては，このような顕著な影響は今のところ見られていないが，Hirota et al.(2006)によれば道東では，土壌凍結が弱まり(図1)積雪量が多くなっている。このような冬期気象条件の変化は，雪腐病の発生様相に大きな変化をもたらしている。本書では，積雪下という特殊な環境で生存する一群の糸状菌が起こす現象，雪腐病に関する知見をまとめ，単に農業上の問題としてだけでなく生物学的な現象として学術的な興味も紹介した。

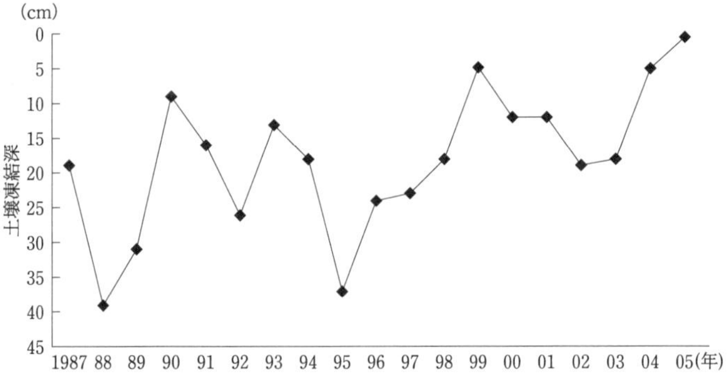

図1　十勝芽室町9か所の調査地点における年平均土壌凍結深(Hirota et al., 2006)

［引用文献］

Gudleifsson B. E. (2013) Climatic and physiological background of ice encasement damage of herbage plants. *In* eds. Imai R, Yoshida M, and Matsumoto N, Plant and Microbe Adaptations to Cold in a Changing World. Springer, New York (in press). ISBN 978-1-4614-8252-9

Hirota T, Iwata Y, Hayashi Y, Suzuki S, Hamasaki T, Sameshima R and Takayabu I (2006) Decreasing soil-frost depth and its relation to climate change in Tokachi, Hokkaido, Japan. J. Meteor. Soc. Japan 84: 821-833.

Murray T and Gaudet D (2013) Global change in winter climate and agricultural sustainability. *In* eds. Imai R, Yoshida M, and Matsumoto N, Plant and Microbe Adaptations to Cold in a Changing World. Springer, New York (in press). ISBN 978-1-4614-8252-9

酒井　昭(2003)植物の耐寒戦略　寒極の森林から熱帯雨林まで. 北海道大学図書刊行会, 札幌. 226pp.

目　　次

はじめに　i

第1章　概　　論　1

1．雪腐病とは　2
1）雪腐病の被害　3
2）雪腐病菌の生活史　5
3）積雪下環境　7
2．積雪下という生態系　11
1）リターの分解　11
2）物質の循環　12
3）多様性の維持　13
3．氷雪圏における微生物――用語の定義　14
1）生理的な問題　16
2）生態的な問題　18

第2章　生態と生理　25

1．生存戦略　26
1）個 体 性　28
2）個体群構造　31
2．積雪の予測性　38
1）菌核の発芽　39
2）菌核のサイズ　41
3．耐 凍 性　47
1）代　　謝　48

2）耐 凍 性　49
3）耐凍性メカニズム　50

第3章　各　　論　　61

1．*Typhula* spp.　　62
2）交配不和合性因子　62
2）ニッチの分化　65
3）雪腐褐色小粒菌核病菌（*Typhula incarnata*）　68
4）雪腐黒色小粒菌核病菌（*Typhula ishikariensis*）　73
5）*Typhula phacorrhiza*　83
2．*Sclerotinia* spp.　　83
1）雪腐大粒菌核病菌（*Sclerotinia borealis*）　84
2）双子葉植物の雪腐病菌（*Sclerotinia nivalis*）　88
3）マメ科牧草の菌核病菌（*Sclerotinia trifoliorum*）　89
3．紅色雪腐病菌（*Microdochium nivale*）　　89
1）分類学上の問題　89
2）生態的特徴　90
4．褐色雪腐病菌（*Pythium* spp.）　　92
5．その他担子菌性雪腐病菌　　95
1）スッポヌケ病菌（*Athelia* sp.）　95
2）LTB（*Coprinus psychromorbidus*）　96

第4章　抵 抗 性　　107

1．圃場からの事実　　108
2．室内検定　　111
3．抵抗性メカニズム　　112
1）ハードニング　112
2）貯蔵養分　113
3）抵抗性反応　116

4．む す び　118

第５章　防　　除　123

1．農薬による防除　126
1）ボルドー　127
2）有機水銀　127
3）PCP，PCNB，チオファネートメチル　128
4）新合成殺菌剤，混合剤　128
2．生物防除　129
3．耕種的防除　132
1）栽培管理　132
2）品　　種　134
3）北米における事情　138
4．む す び　139

おわりに　145
索　　引　149

第1章　概　　論

荒木隆男博士。著者に現場で起こっていることを観察する重要性を説き，積雪下という未知の世界に導いてくれた。

寒冷積雪地帯では，作物が冬の寒さで凍死する(非生物的要因)よりも，雪腐病(生物的要因)により被害を受けることの方が普通である。雪腐病は数種の病原糸状菌に起因し，個々の病原菌の発生環境や被害様相については一様ではない。雪腐病菌の多くは，積雪下で植物に感染・増殖し，雪解けまでには活動を停止する。積雪下は，低温，暗黒，そして多湿という条件が安定的に維持され，このような環境下で，低温ストレスに耐性のある雪腐病菌は，日和見感染する。本章の最後では一般的に使われるpsychrophile(好冷菌，低温菌)という用語が，生活史の複雑な糸状菌においては多くの矛盾点をかかえていることを指摘し，このような問題点を解決するため，氷雪圏に生息する糸状菌をcryophilic fungi(氷雪菌)と呼称する提案を紹介した。

1. 雪腐病とは

寒冷積雪地帯では，牧草や秋播コムギなどの越年性作物が冬の寒さで凍死する(非生物的要因)よりも，雪腐病(生物的要因)により被害を受けることの方が普通である。植物は冬期間，積雪下にあるため，我々は被害の発生過程を見ることができず，融雪後しばらくして萌芽の遅れや枯死などの被害に気づく。雪腐病の被害調査は北半球の積雪地帯で広くなされている(例として，米国アイダホの穀物と牧草：Remsberg and Hungerford, 1933；アラスカ・ユーコンの牧草：Lebeau and Logsdon, 1958；カナダ・オンタリオの秋播コムギ：Schneider and Seaman, 1987：アルバータの芝草：Vaartnou and Elliott, 1969；同穀物：Gaudet and Bhalla, 1988；サスカチュワンの牧草と穀物：Smith, 1975：同穀物；Gossen and Reiter, 1989；フィンランド北部の牧草：Mäkelä, 1981；ノルウェーの牧草：Årsvoll, 1973；同北部の牧草；Andersen, 1992；アイスランドの牧草：Kristinsson and Gudleifsson, 1976 など)。これらの調査では，雪腐大粒菌核病菌，雪腐黒色小粒菌核病菌，雪腐褐色小粒菌核病菌，紅色雪腐病菌などが共通の病原菌として重要視されているが，個々の病原菌の発生環境や被害についてはより詳細な研究が必要であるとされている(Smith, 1975)。

このような寒冷積雪地では，品種・作物の導入過程で生産性をある程度犠牲にして，越冬性の優れたものが選ばれているので，単に物理的な要因で枯死することは一部の例外(袴田ほか，1978，図 1-1)を除いてあまりない。融雪直後の植物は枯死したように見えるだけで，やがて萌芽・再生してくる(図 1-2)。このような現象を，牧草では「冬枯れ」，秋播コムギにおいては「冬損」という原因を特定しない曖昧な用語で説明されてきた。しかし，冬枯れや冬損の原因は，ほとんどが雪腐病である。Abe and Matsumoto(1981)は，12 品種のイネ科牧草オーチャードグラスを用いて，これらの越冬性に関与する要因を解析し，札幌では雪腐小粒菌核病に対する抵抗性がもっとも重要であることを明らかにした。

雪腐病菌は，積雪下で植物に加害する病原菌の総称で，分類学的に特別な

図1-1　ペレニアルライグラスの凍害による枯死。周囲にはチモシーが植えられ生存している。圃場は傾斜地にあるため，氷結による枯死ではない。ノルウェーLøkenにて。

グループの菌を示すものではない(表1-1)。多くの子のう菌や担子菌が雪腐病菌として知られており，また厳密には菌類ではないが，原生生物の卵菌のなかにも雪腐病を起こすものがある。しかし，ツボカビや接合菌などの菌類においては，雪腐病菌は報告されていない。これらの菌類においては，今後精査する必要があると思われる。

1）雪腐病の被害

雪腐病にはいくつかの病原菌が関与しており，毎年決まって発生するものと，年により発生程度が変動するものとがある。後者の発生は，しばしば大問題になる。1975年の春には，道東を中心にオーチャードグラスに雪腐大粒菌核病が大発生した。その結果，自給飼料の供給が危ぶまれ，政治問題にまで発展した(荒木，1975)。発生後の処置として，道東地域の牧草地15,000 haのうち，62%が追播，28%が更新，そして10%は転作された。この年の

図 1-2　ゴルフ場ベントグラスナーセリーにおける雪腐黒色小粒菌核病の発生様相。根雪前に適当な農薬を散布すると芝生は融雪直後から青々としているが(左の試験区)，農薬を散布しないと芝生は枯死したように見える(右の試験区)。しかし，無処理区の芝生は完全に枯死しているわけではなく，やがて再生し青くなってくる。

雪腐大粒菌核病大発生の理由は，①根雪開始時期が遅く，植物は寒さによるストレスにさらされることで雪腐大粒菌核病に対する感受性が高まり，そして②根雪開始後の降雪量が多く，特に3月下旬の大雪は雪解けを大幅に遅らせたことにある。その結果1975年以降，イネ科牧草では，オーチャードグラスの生産性よりも，チモシーの雪腐大粒菌核病抵抗性(耐凍性)が重要視されるようになった。一方，雪腐黒色小粒菌核病の発生はあまり気象条件に左右されず，秋播コムギの栽培体系では，雪腐黒色小粒菌核病を中心に農薬散布が病害防除体系に組み込まれている。しかし，根雪の開始が早まり薬剤防除ができないと，深刻な被害が発生することがある。1998年は根雪開始が1か月早かったため，農家は秋播コムギの薬剤散布を徹底することができなかった。翌1999年の調査では，網走地方では30%の被害圃場が転作を余儀なくされた(Matsumoto et al., 2000)。近年では抵抗性品種の開発，輪作の励行，

表1-1　わが国に発生する主要な雪腐病菌[1)]

		学名	和名
原生生物界			
	不等毛植物門		
		Pythium iwayamai	褐色雪腐病菌
		P. okanoganense	褐色雪腐病菌
		P. paddicum	褐色雪腐病菌
菌界			
	子のう菌門		
		Microdochium nivale	紅色雪腐病菌
		Phacidium infestans	ファシディウム雪腐病菌[3)]
		P. abietis	ファシディウム雪腐病菌[3)]
		Racodium therryanum	暗色雪腐病菌[3)]
		Sclerotinia borealis	雪腐大粒菌核病菌
		S. nivalis	雪腐病菌
		S. trifoliorum	菌核病菌
	担子菌門	*Athelia* sp.[2)]	スッポヌケ病菌
		Typhula incarnata	雪腐褐色小粒菌核病菌
		T. ishikariensis	雪腐黒色小粒菌核病菌

[1)] スギ苗にいわゆる雪腐病(病原菌 *Botrytis cinerea* および *Sclerotinia kitajimana*＝*S. sclerotiorum* が発生するとされる(伊藤・保坂，1951)が，ここでは除外した。
[2)] ITS 領域の塩基配列に基づく推定(川上　顕，私信)
[3)] 林木に発生

適切な農薬散布などにより，雪腐病が目立った被害を与えることは少なくなっている。

2) 雪腐病菌の生活史

代表的な雪腐病菌の生活史は以下の通りである(図1-3)。

(1) 春 ～ 秋

融雪直後の被害植物体上に形成された菌核などの耐久体で，病原菌は植物の生育期を休眠して過ごす。菌核は休眠中に種々の菌寄生菌の侵害を受ける(Harder and Troll, 1973; Matsumoto and Tajimi, 1985)。これらによる菌核の生存率低下程度には，それぞれの種の生存戦略が反映されている(Matsumoto and Tajimi, 1988)。またワラジムシも菌核を食害する(星野，2003)。

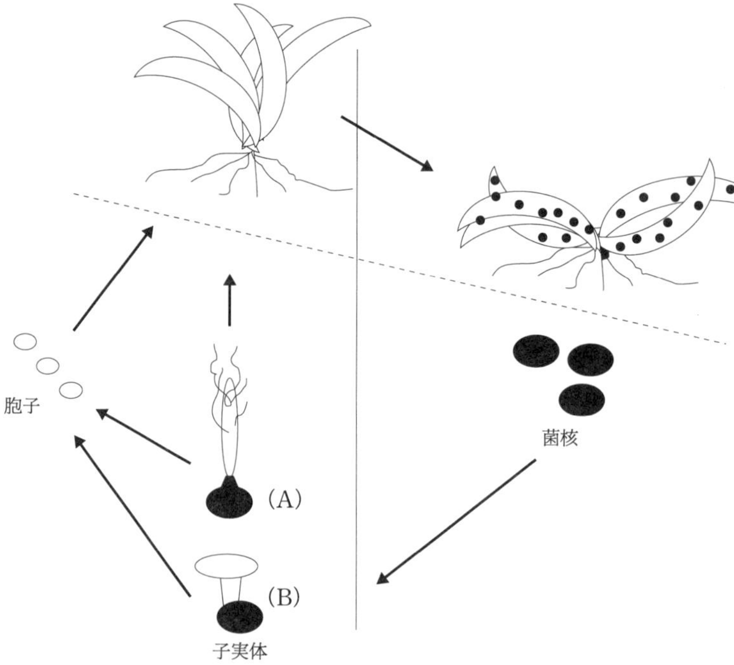

図 1-3　代表的な雪腐病菌の生活史。実線の右側は休眠期，左側は活動期を示す。点線の上は積雪下，下は積雪のない春から晩秋を表す。子実体 A は *Typhula* spp.，B は *Sclerotinia* spp.

(2) 晩　　秋

菌核は休眠から覚め発芽し子実体を形成する。雪腐大粒菌核病菌においては，子のう胞子が飛散し感染源となる。雪腐褐色小粒菌核病菌の担子胞子も感染源として機能しているが，雪腐黒色小粒菌核病菌の担子胞子に感染性はほとんどない。このような担子胞子の機能性の違いは，両者における菌核の生存率の違いとも関係している(Matsumoto and Tajimi, 1985)。

(3) 初　　冬

多くの雪腐病菌は植物が積雪に覆われてから，感染し始めるが(尾崎，1979；Oshiman, 1999)，雪腐褐色小粒菌核病菌は積雪前に感染していることもある(Matsumoto and Araki, 1982)。雪腐黒色小粒菌核病菌および雪腐褐色小粒菌核病菌(両者を併せて雪腐小粒菌核病菌と称する)の古くなった子実体からは，菌糸が伸長し，このような菌糸も感染源となる。雪腐黒色小粒菌核病菌においては，このような菌糸が特に重要である(Cunfer and Bruehl, 1973)。

⑷　冬

積雪下という特異的な環境下で，雪腐病菌は休眠中の植物を加害しながら増殖し，融雪までには菌核などが形成され休眠に備える。

3) 積雪下環境

積雪下では，低温，暗黒，そして多湿という条件が安定的に維持される。このような環境下で，低温ストレスに耐性のある雪腐病菌は，日和見感染する。Grime(1977)は，植物のバイオマス生産を阻害する環境要因を攪乱とストレスに大別し，これらの要因の組み合わせによって，3つの戦略が存在することを提唱した(表1-2)。積雪下は典型的なストレス耐性生物の生息場所である。低温ストレス耐性の雪腐病菌において，生存・増殖の成否に関わるのは低温そのものではなく，積雪という安定した環境がいつ始まりどれくらい続くか，言い換えれば積雪の予測性である。このことについては，後述する。

積雪は外気の低温を遮断し(図1-4)，地表面温度を約0°Cに保つ。積雪下の低温は多くの微生物を不活発にさせるが，雪腐病菌は0°C以下の低温条件で

表1-2　異なる環境下で植物が発達させた3つの戦略(Grime, 1977による)

		ストレス	
		低	高
攪乱	低	競争力[1]	ストレス耐性[3]
	高	ルーデラル[2]	——[4]

[1] 森林などでは植物は競争力を高めようとする。
[2] 畑や荒れ地などでは，雑草のように短期間で生育し結実するものが有利である。
[3] 寒さや乾燥などのストレスに耐性の植物が優占する。
[4] 生息場所としては適さない。

図 1-4　部分的に凍害を受けた針葉樹の並木。冬期間積雪に埋もれた部分は凍害を免れたが，積雪に覆われなかった部分（矢印）は凍害により枯死した。

も生育することができる。また，培地上の菌糸生育適温も 10℃前後と概して低い。しかし，多くの雪腐病菌は周囲の温度が 10℃のときには，休眠から覚醒し活動を再開し始めることはあっても，植物を加害することはない。例外的に，紅色雪腐病菌（明日山，1940）やマメ科牧草菌核病菌（Scott, 1984）は冬だけでなく，成育中の植物にも加害することがあり，これらの菌はほかの雪腐病菌に比べより高い温度においても生育することができる（表 2-1）。有機物が多く土壌微生物活性の高い土壌はそうでない土壌よりも雪腐小粒菌核病菌の菌糸生育をより強く抑制する（Jacobs and Bruehl, 1986）ことが知られており，Matsumoto and Tajimi（1988）は，雪腐病菌が生育適温で活動できない理由をほかの微生物との競合に求めた。すなわち，雪腐小粒菌核病菌の 0℃における菌糸生育は，培養適温 10℃での生育の約半分である。しかし，培地を無殺菌土壌で覆って培養すると，10℃では菌糸伸長はほとんど認められなかったのに対し，0℃では純粋培養とほぼ同等の生育を示した（図 1-5）。雪腐病菌はほかの微生物との競争を避け，積雪下に逃れた糸状菌である。

積雪下では，低温性の生物のみが活動できるので，糸状菌相も単純である。Bruehl et al.（1966）は，冬と早春に秋播コムギから 55 種の糸状菌と 34 の未

図 1-5　雪腐病菌がほかの微生物との競争を避け，積雪下に逃げ込んだことを示す培養実験(松本，2005)。雪腐黒色小粒菌核病菌の 0℃における生育(右上)は，適温の 10℃における生育(左上)の半分である。しかし，培地を無殺菌の土壌で覆って培養すると，10℃ではほとんで生育できない(左下)のに対し，0℃では生育に影響を受けない(右下)。

同定菌を分離した。また，Årsvoll(1975)は，越冬直後のイネ科牧草から 33 種の糸状菌を記載した。しかし，これらの多くは中温性の菌であり，実際に積雪下で活動していたというよりも，休眠していた可能性が高い。コムギ幼植物を犯す糸状菌として 40 種が知られているが，そのうち積雪下で加害するものはわずか 5 種にすぎない(Wiese, 1977)。わが国で知られているオーチャードグラスの 29 の糸状菌病のうち，4 つの雪腐病が 7 種の糸状菌に起因する(日本植物病理学会，2000)。このように低温という過酷な条件は，そこで活動可能な菌の種数を制限している。北海道では，年間の積雪日数が 140 日以上にも達するところがある。わずか数種の雪腐病菌が，このような長期間にわたって資源を独占しているのも，積雪下という環境の特徴である。

最近では，分子生物学的手法の発達により新しい知見も得られ始めている。

従来のように，積雪下あるいは融雪直後の植物から菌を分離する方法では，多くの中温性糸状菌が検出され，夏と冬とで糸状菌相にそれほど大きな変化はないように考えられていた。しかし，北米のスゲの優占する草地で土壌微生物のDNAを融雪の前後で比較したところ，両方のサンプルに大きな違いが認められ，冬期間の土壌微生物相は，夏のものと大きく異なることが示唆された(Lipson et al., 2002)。また，冬期間には細菌に比較して，糸状菌の増加が顕著であった。このような糸状菌相には，担子菌の優占する森林土壌と異なり，未知の分類群に属すと推定される多くの子のう菌が含まれ，非常に多様性に富んでいることが明らかになった(Schadt et al., 2003)。これらの子のう菌の機能は不明である。

積雪に覆われると，植物は光合成を妨げられ，呼吸によりそれまで蓄積してきた貯蔵養分を消耗する一方となり，雪腐病に対する抵抗性は低下する。

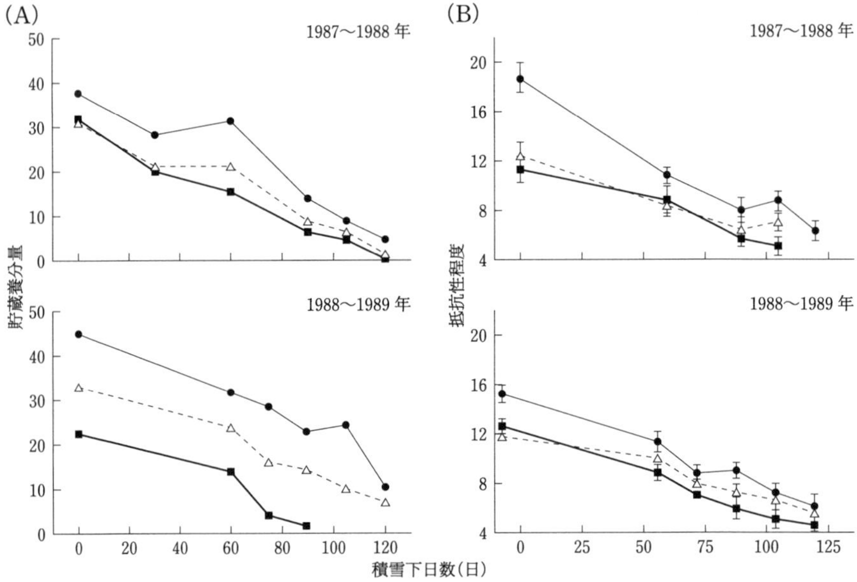

図 1-6　積雪下における秋播コムギ 3 品種の衰弱(A)と紅色雪腐病に対する抵抗性の低下(B)(Nakajima and Abe, 1994)。衰弱程度は貯蔵用分量(mg)で評価した。抵抗性程度は 50%の植物を枯死させるのに要した日数。

Nakajima and Abe(1994)は，秋播コムギが積雪下で消耗する過程で紅色雪腐病に対する抵抗性が低下することを，簡易評価法(Nakajima and Abe, 1990)によりに明らかにした。越冬性の異なる3つの品種はいずれも，15℃暗黒中で貯蔵養分を消耗し(図1-6A)，また紅色雪腐病に対する抵抗性も同じように衰微した(図1-6B)。また，抵抗性の品種間差は貯蔵養分の減少率に一致した。

このように雪腐病菌は，低温下における生育能力を獲得することで，積雪下という競争相手が少ない環境下で，積雪により衰弱した植物を独占的に利用する，典型的な日和見感染する菌であると結論される。

2. 積雪下という生態系

積雪は外気を遮断し，温度を一定に保つ。たとえば，フィンランド南部における温度測定結果(Ylimäki, 1962)によると，25 cmの積雪があると土壌表面の温度は，外気温が－30℃の場合でも－2℃かそれ以上に保たれる。雪腐病菌は積雪下という生息場所において病原菌として物質循環の第一段階を担っているが，そこではほかの非病原菌も自然生態系における分解者として有機物のリサイクルに関わっている。ここでは，積雪下おける微生物の生態系に関わる役割について述べる。

1) リターの分解

寒冷積雪地においては，落葉や落枝などのリター(植物遺体)生産量は秋に最大となり，積雪下において当年に蓄積されたバイオマスのかなりの量が分解される(Moore, 1983)。その過程は養分リサイクルの最初の段階である。米国ミネソタ州では，ナラのリターの最初の1年間における分解量の55%は積雪下で起こる(MacBrayer and Cromack, 1980)。マツのリターは最初の1年で9%の重量が失われるが，その80%は積雪下で起こる(Stark, 1972)。バルサムモミリターの40～60%は，最初の年に積雪下で分解される(Taylor and Jones, 1990)。10月下旬あるいは11月上旬から5月下旬まで雪に覆われるカナダ東部ケベック州Labradorの森林では，9月中旬～6月初旬の間にその年に生じた新鮮なリターの33〜99%(平均63%)が分解される。同様にツンドラでは，分解率は33〜82%(平均64%)である。フィンランド中央部の荒廃草地では年間の茎葉(地上部)生産量の3分の1に匹敵するリターが積雪下で分解される(Törmälä and Eloranta, 1982)。

米国コロラド州のロッキー山脈の針葉樹林では，夏期の乾燥でリターの分解は抑制される一方，湿度が高く温度が一定に保たれる積雪下では物質循環に重要な役割を果たす低温性の微生物が活発に活動する。40 cm程度の厚さの積雪があると地表面は0°C近くに保たれ，微生物(Bleak, 1970)や土壌小動物(Aitchison, 1979)がリターを分解する。カナダのアルバータ州南西部のアスペンの林床は，12〜3月にかけ60回も凍結・融解を繰り返すが，微生物は外気に影響されない深部でもっとも活発に活動する(Coxson and Parkinson, 1987)。積雪下では腐生性糸状菌が特に重要な役割を果たしている。これらの菌は氷点下で急激に増殖する(Schmidt et al., 2013)。微生物の活性をCO_2発生量で評価すると，積雪前の微生物活性に比べて，積雪下の活性は6.6倍にも高まる(MacBrayer and Cromack, 1980)。カナダのアスペン林では，年間に供給されるリターの60%に相当するCO_2が冬期間に発生する(Coxson and Parkinson, 1987)。

2) 物質の循環

微生物バイオマスは冬期に最高となり，窒素はこのバイオマス中に固定されることが知られている(Lipson et al., 1999)。米国コロラド州の高山における観察(Brooks et al., 1996)によると，微生物活動の指標となるCO_2の発生は3月4日になって確認され，5月中旬の融雪期まで増加し，その後融雪水が飽和するようになると低下した。積雪下の地表面温度は1月には−14°Cだったが，5月4日には0°Cになった。CO_2の発生推移は土壌中の無機態窒素量の変化に一致した。積雪下で担子菌にコロナイズされた落葉は5倍もの可溶性窒素を含む(Hintikka, 1964)。また，低温性の接合菌は，森林において，冬の終わりに土壌と積雪の界面ににじみ出る養分を利用し急速に成長して，融雪直後にリター表面に大量の菌そうを残す(Schmidt et al., 2008)。春になり微生物が死滅すると，窒素は放出される。同様にリターに含まれるアレロパシー物質など，異種生物間に作用する化学物質アレロケミカルも，翌春植物が生育するまでに微生物により分解される(Schmidt and Lipson, 2004)。積雪下において，マツのリターは担子菌により分解され，セルロースだけが残り，菌体にはCaなどの必須要素が75倍までに濃縮される(Stark, 1972)。

3）多様性の維持

森林においては，これらの微生物のなかにはリターという植物遺体を分解するものだけでなく，種子や稚樹など生きた植物組織を利用する糸状菌も知られており，これらは森林の多様性維持に貢献している。樹木は大量の種子を生産し，子孫を残そうとする。森林における樹木の天然更新は，新たに追加された種子が，枯死した老木の跡(ギャップ)において発芽し成長することによってなされるが，すべての種子が発芽するわけではない。森林のリター中には種子を腐敗させる菌類が存在し，母樹に近いほど種子の生存率は低下する。母樹付近では同種の稚樹が生育できず，他種の樹木が生育する現象は，熱帯林や温帯林における多様性維持メカニズムのひとつと考えられている(Packer and Clay, 2000)。

わが国の積雪地帯においても同様の現象が知られている。ブナ種子は積雪下で *Rhizoctonia solani* や *Cylindrocarpon magnusisnum* により腐敗する(市橋ほか，2005)。さらに発芽しても，当年生のブナ稚苗は *Colletotrichum dematium* により多数が死滅する(Sahashi et al., 1995)。ブナは純林を形成するので，これらの菌の多様性創出への寄与は不明であるが，林縁やギャップにおいて被害は少ないことから，ブナの生息地拡大には間接的に関与しているといえる(升屋勇人，私信)。また，コナラやミズナラの *Ciboria batschiana* による種子腐敗も積雪下で進行する(市橋ほか，2008)。おもに稚樹に暗色雪腐病を起こす *Racodium therryanum* も森林生態系において重要な役割を果たしていると思われる。エゾマツ(Cheng and Igarashi, 1987)やカラマツ(Igarashi and Cheng, 1988)の種子は林床に存在する *R. therryanum* に侵害される。また，韓国ではチョウセンシラベ(*Abies koreana*)が同様に被害を受け，積雪期間が長いほど被害は増加する(Cho et al., 2007)。これらの菌の生活史を明らかにし，宿主範囲や宿主の生育段階ごとの植物に対する病原力や積雪の影響を調べることは，森林の遷移や多様性創出のメカニズムを知る上で重要である。

同様な現象は極地においても知られている。一次定着者(primary colonizer)として，遷移段階において重要な役割を果たしているコケのコロニーには *Pythium* 属菌の感染による被害がパッチ状に現れる(図 3-19)。*Pythium* はコケに致命的な被害を与えるようなことはなく，むしろコケのコロニーの新陳代謝を促す働きをしていると考えられる(東條元昭，私信)。さらに，パッチの中心にはしばしばほかの種類のコケやイネ科植物が侵入していることから，これらの *Pythium* 属菌は極地において植物相の遷移を促す働きもしている(Hoshino et al., 2001)。

3. 氷雪圏における微生物——用語の定義

植物学から派生した菌学は，細菌学と共に，微生物学の主要な位置を占め，同列に取り扱われることが多い。しかし，細胞分裂による単純な生活史を持つ細菌は，生活史戦略に関して，糸状菌と同じようには扱えない。糸状菌は，氷雪圏において生育相ごとに異なる温度反応を示すことで適応してきた。Hoshino and Matsumoto(2012)は，一般的に使われる psychrophile(好冷菌，低温菌)という用語が，生活史の複雑な糸状菌においては多くの矛盾点をかかえていることを指摘した。そして，このような問題点を解決するため，氷雪圏に生息する糸状菌を cryophilic fungi(氷雪菌)と呼称することを提案した。

氷雪圏とは cryosphere の訳語である。cryo とは，ギリシャ語で，低温，霜，あるいは氷を意味する。氷雪圏では，地表の水が積雪，氷河，凍土など固体の状態にあり，そこには雪腐病菌以外にも多くの糸状菌が存在する(Robinson, 2001; Ludley and Robinson, 2008; Hoshino et al., 2009; Tojo and Newsham, 2012)。氷雪菌が世界で最初に認識されたのは，1788 年富山県におけるオオムギの積雪下における腐敗についての堀(1934)による記録である。

低温で生育することのできる微生物については，従来からさまざまな定義

表 1-3　低温性微生物の名称と定義

名称	対象微生物	定義	著者
psychrophile	細菌，酵母	0°Cで生育	Schmidt-Nielsen (1902)
low temperature intermediate high temperature	木材腐朽菌	培養適温が 20～24°C 同　24～32°C 同　32°C以上	Humphrey and Siggers (1933)
phychrotolerant[1)] mesotolerant thermotolerant	微小菌類[2)]	氷点下で生育 5～30°Cで生育 40～50°Cでも生育	Panassenko (1944, 1967)
psychropile	酵母	培養適温が 20°C以下	Baxter and Gibbons (1962)
絶対的 psychropile	酵母	20～25°Cでは生育不可	Stokes (1963)
psychrophile[1)]	糸状菌	培養適温が 10°C以下	Deverall (1968)
psychrophile	細菌	培養適温が 15°C以下 培養高温限界は 20°C	Morita (1975)

1) 低温適応(cold-adapted)菌とも呼ばれる(本文参照)
2) 糸状菌のなかで，いわゆるキノコのような大型の子実体をつくるものを除いたグループ

が当てはめられてきた(表 1-3)。Morita(1975)は，それまでの報告を比較・検討し，培養条件下での生育適温が 15°C以下で，高温限界が 20°Cの細菌を psychrophile とした。彼は，この条件を満たす酵母の存在も認めていたが，酵母については言及しなかった。この定義は多くの研究者により，糸状菌においても広く使われた。しかし，好冷性酵母のなかには，24°Cでも生育するものがあるなど(Vidal-Leiria et al., 1979)，例外が存在することも一般に認められていた。

氷点下で生育する菌は，低温適応(cold-adapted)菌あるいは氷雪菌(cryophile)と呼ばれる。低温適応菌は，表 1-3 の定義では psychrotolerant と psychrophile の両方が当てはまり，その生育温度範囲は広く，生育適温は 20°C以上である(Margesin et al., 2007)。cryophile という用語は現在の菌学においては，ふたつの意味がある。ひとつは psychrophile と同義で(たとえば，Jennings and Lysek, 1999)，他方は積雪下で生育する菌のことを指す(Eckblad, 1978)。

これまでの用語ついては，定義に当てはまらない例外が多い。混乱の主因

は，細胞分裂あるいは出芽を単純に繰り返し増殖する単細胞性の細菌や酵母(糸状菌の一種ではあるが)と，環境に応じて有性的，無性的な増殖(あるいは形態形成)を使い分け複雑な生活史を持つ糸状菌を同じ基盤で論議しようとしたことにある。雪腐病菌は氷雪圏に生息する菌のなかでは，その経済的重要性から知見の蓄積も比較的多く，そのなかから，いくつかの問題が指摘できる。雪腐病菌のフェノロジー(図1-3)と用語の定義(表1-3)を参照しながら，以下の問題点を考えてみよう。

1）生理的な問題

雪腐大粒菌核病菌(*Sclerotinia borealis*)の菌糸生育適温は4〜10°Cの間で，生育限界は20°Cであるが(Smith, 1987; Hsiang et al., 1999; Hoshino et al., 2009, 2010)，生育は遅い。しかし，培地(PDA)の成分を2倍の濃度にすると生育がよくなる(冨山，1955)。同様に，ショ糖あるいはKCl(Bruehl and Cunfer, 1971)，またD-マンニトール(波川ほか，2004)を添加することでも菌糸生育は促進される。さらに，Hoshino et al.(2010)の実験では，PDAにKClかソルビトールを添加することで，生育適温が4°Cから10°Cに変化した。しかも，20°Cでも生育可能になった。このことは，雪腐大粒菌核病菌の菌糸生育温度反応は一定でなく，浸透圧を調節することにより，変化しうることを示す。

雪腐大粒菌核病菌の子実体形成のための適温は，菌糸生育適温に比べ高く，しかも温度が変動することが重要である(Saito, 2001)。伊槻(1984)によれば，9°Cの一定温度では菌核は発芽せず，秋の気象条件を再現した25°C明/15°C暗で28日，その後20°C明/5°C暗で38日培養すると，76.7%の菌核が発芽した。なお，25°C明/15°C暗あるいは20°C明/5°C暗で66日間培養した場合の発芽率は，それぞれ53.3%と16.7%であった。このように，菌核発芽に関する温度からは，雪腐大粒菌核病菌がpsychrophileであるとはいえない。

種内変異の大きい雪腐黒色小粒菌核病菌(*Typhula ishikariensis*)の生活史は雪腐大粒菌核病菌のそれと似ているが，生育温度に関しても不規則な反応を示すものがある。それはノルウェー沿岸部で見つかったグループIII(Matsumoto et al., 1996)で，スバルバール諸島(Hosihino et al., 2003)やグリーンランド(Hoshino et al., 2006)でも見つかっている。10°CにおけるグループⅢ菌株のPDA平板培養を0°Cと比較すると，10°Cでは菌糸が節くれだち不規則に分枝し，菌そうは羽毛状になる(図1-7，Matsumoto et al., 1996)。また，菌核は中心部に集まり大型化し，水滴を生じる。このような10°Cにおける生育異常は，PDA平板に水を満たして培養すると解消される(Hosihino et al., 2008)。さらに，PDAにカロチンやアスコルビン酸を加えたり，またコーンミール培地(CMA)で培養することでも改善される(図1-8，星野保，未発表)。すなわち，グループⅢ菌株は，PDA10°Cでは酸化作用を強く受け，本来の生理的能力を発揮することができない。

褐色雪腐病菌(*Pythium iwayamai*，*P. okanoganense*)のCMAにおける菌糸生育適温は20°Cである(Lipps and Bruehl, 1978; Lipps, 1980)。一方，遊走子は*P. iwayamai*では1～15°C，*P. okanoganense*では1～10°Cで放出され，両者は

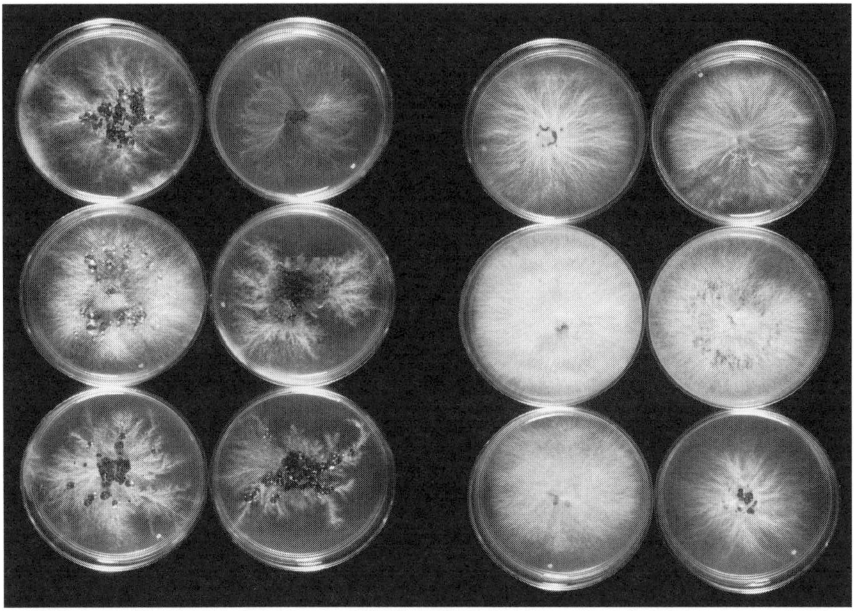

図1-7　*Typhula ishikariensis* グループⅢの10°C(左，2週間培養)および0°C(右，1月間培養)における培養形態の比較(供試菌株は左右の組で対応している)

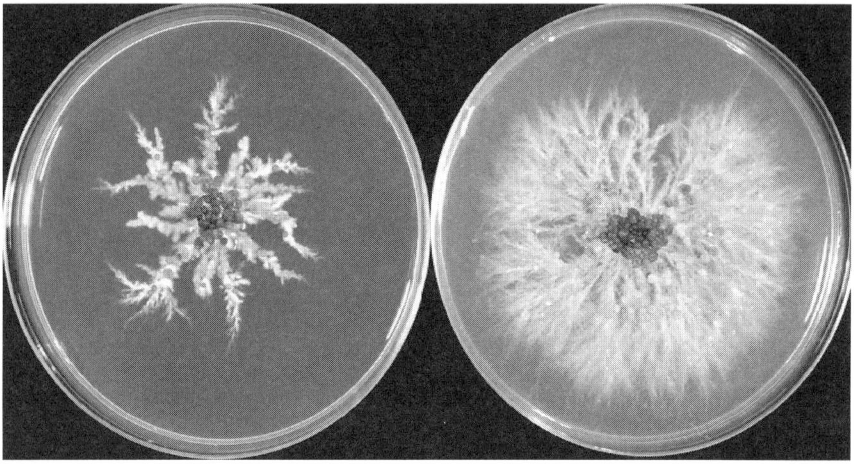

図1-8　カロテン添加による *Typhula ishikariensis* グループIIIの生育異常の緩和(星野保氏提供)。左側：無添加，左側：添加

それぞれ20°Cあるいは15°Cではまったく遊走子を放出しない(Lipps, 1980)。また，*P. iwayamai* の卵胞子は15°C以下で発芽するが，20°C以上ではまったく発芽しない(高松，1989)。このように，*P. iwayamai* と *P. okanoganense* は菌糸生育に関してはpsychrotolerantといえるが，遊走子放出や卵胞子発芽についてはpsychrophileといえる。

2）生態的な問題

生育適温に関する実験は，純粋培養条件下での生理的能力そのものに関するものがほとんどで，自然界においてすべての菌はほかの生物と関わりながら生活しているということが考慮されていないことが多い。雪腐黒色小粒菌核病菌はほかの微生物が存在すると，培養適温の10°Cでは生育できず，競争を避け積雪下(0°C)に逃避したことを示す実験結果(図1-5)は，こうした微生物の相互関係の重要性を如実に示すものである。

多くの双子葉植物に雪腐病を起こす *Sclerotinia nivalis* の菌糸生育適温は20°Cであることから，この菌はpsychrotolerantである。しかし，菌そうを接種すると，15°Cでは本菌はニンジンやサントニカ(*Artemisia cina*)に感染できず，0℃あるいは3℃において感染する(Saito, 2001)。その菌核は，0℃で無殺菌土壌におかれると，菌そうを伸長しながら発芽(myceliogenic germination)し，ニンジンに感染する。しかし，20℃では菌核は発芽せず，したがって感染も起こらない。20℃では拮抗的な微生物の活動により，菌核の発芽が抑制されると思われる。このような生態的特性は，*S. nivalis* が psychrophile であることを示す。

[引用文献]

Abe J and Matsumoto N (1981) Resistance to snow mould disease caused by *Typhula* spp. in cocksfoot. J. Japan. Soc. Grassl. Sci. 27: 152-158.

Aitchison CW (1979) Winter-active subnivean invertebrates in Southern Canada. III. Acari. Pedobiologia 19: 153-160.

Andersen IL (1992) Winter injuries in grasslands in northern Norway caused by low temperature fungi. Nor. J. Agr. Sci. Suppl. 7: 13-20.

荒木隆男(1975)北海道における牧草雪腐病の多発. 植物防疫 29：484-488.

Årsvoll K (1973) Winter damage in Norwegian grasslands, 1968-1971. Meld. Norg. LandbrHøgsk. 52(3) 21pp.

Årsvoll K (1975) Fungi causing winter damage on cultivated grasses in Norway. Meld. Norg. LandbrHøgsk. 54(9) 49pp.

明日山秀文(1940) *Fusarium nivale* (Fr.) Ces. [*Calonectria graminicola* (Berk. Et Br.) Wr.]に因る小麦葉の斑紋. 日植病報 10：51-54.

Bleak AT (1970) Disappearace of plant material under a winter snow cover. Ecology 51: 915-917.

Brooks PD, Williams MW and Schmidt SK (1996) Microbial activity under alpine snowpacks, Niwot Ridge, Colorado. Biogeochemistry 32: 93-113.

Bruehl GW, Sprague R, Fischer WB, Nagamitsu M, Nelson WL and Vogel OA (1966) Snow mold of winter wheat in Washington. Wash. Agric. Exp. Stn. Bull. 677, 21pp.

Bruehl GW and Cunfer BM (1971) Physiologic and environmental factors that affect the severity of snow mold of wheat. Phytopathology 61: 792-799.

Cheng D and Igarashi T (1987) Fungi associated with natural regeneration of *Picea jezoensis* Carr. in seed stage —Their distribution on forest floors and pathogenicity to the seeds—. Res. Bull. Exp. For. Hokkaido Univ. 44: 175-188.

Cho HK, Miyamoto T, Takahashi H, Hong SG and Kim JJ (2007) Damage to *Abies koreana* seeds on Mount Halla, Korea. Can. J. For. Res. 37: 371-382.

Coxson DS and Parkinson D (1987) Winter respiratory activity in aspen woodland forest floor litter and soils. Soil Biol. Biochem. 19: 49-59.

Cunfer BM and Bruehl GW (1973) Role of basidiospores as propagules and observations on sporophores of *Typhula idahoensis*. Phytopathology 63: 115-120.

Eckblad FE (1978) Soppøkologi. Universitesforl., Oslo, Norway. 158pp.

Gaudet DA and Bhalla MK (1988) Survey for snow mold diseases of winter cereals in central and northern Alberta, 1983-87. Can. Plant Dis. Surv. 68: 15-22.

Gossen BD and Reiter WW (1989) Incidence and severity of snow molds on winter cereals in Saskatchewan, 1985-1988. Can. Plant Dis. Surv. 69: 17-19.

Grime JP (1977) Evidence for the existence of three primary strategies in plants and its relevance to ecological and evolutionary theory. Amer. Natur. 111: 1169-1194.

袴田共之・能代昌雄・平島利昭・能勢公(1978)北海道根釧地方における1973年春の牧草の冬枯れについて　数量化第1類による要因の探索. 日草誌 23：280-288.

Harder PR and Troll J (1973) Antagonism of *Trichoderma* spp. to sclerotia of *Typhula incarnata*. Plant Dis. Reptr. 57: 924-926.

Hintikka V (1964) Psychrophilic basidiomycetes decomposing forest litter under winter conditions. Comm. Inst. For. Fenn. 59(2) 20pp.

堀正太郎(1934)麦雪腐れの古記録. 病害虫雑誌 21：165-166.

星野保(2003)ガマノホタケ類の菌核を囓るもの. 利尻研究 22：7-8.

Hoshino T and Matsumoto N (2012) Cryophilic fungi to denote fungi in the cryosphere. Fung. Biol. Rev. 26: 102-105.

Hoshino T, Tojo M, Kanda H and Tronsmo AM (2001) Ecological role of fungal infections of moss carpet in Svalbard. Mem, Natl. Inst. Polar Res., Spec. Issue 54: 507-513.

Hoshino T, Saito I and Tronsmo AM (2003) Two snow mold fungi from Svalbard. Lidia 6: 30-32.

Hoshino T, Yumoto I and Tronsmo AM (2006) New findings of snow mold fungi from Greenland. Medd. Grønland Biosci. 56: 89-94.

Hoshino T, Tronsmo AM and Yumoto I (2008) Snow mold fungus, *Typhula ishikariensis* group III from Arctic Norway, can grow at a sub-lethal temperature after freezing stress and during flooding Sommerfeltia 31: 125-131.

Hoshino T, Xiao N and Tkachenko OB (2009) Cold adaptation in phytopathogenic fungi causing snow mold. Mycoscience 50: 26-38.

Hoshino T, Terami F, Tkachenko OB, Tojo M and Matsumoto N (2010) Mycelial growth of the snow mold fungus, *Sclerotinia borealis*, improved at low water potentials: an adaptation to frozen environments. Mycoscience 51: 98-103.

Hsiang T, Matsumoto N and Millett SM (1999) Biology and management of Typhula snow molds of turfgrass. Plant Dis. 83: 788-798.

市橋優・升屋勇人・窪野高徳(2005)ブナ林におけるブナ種子の腐敗に関与する菌類. 日本森林学会大会発表データベース 116：580.

市橋優・升屋勇人・窪野高徳(2008)コナラとミズナラの種子に対する *Ciboria batshiana* の病原性. 日本森林学会大会発表データベース 119：695.

Igarashi T and Cheng D (1988) Fungal damage caused by *Racodium therryanum* to regeneration of Japanese larch by natural seeding. Res. Bull. Exp. For. Hokkaido Univ. 45: 213-219.

伊藤一雄・保坂義行(1951)スギ苗の灰色黴病および菌核病―いわゆる雪腐病. 林試研報 51：1-27.

伊槻康成(1984)オーチャードグラス雪腐病菌に関する研究―特に雪腐大粒菌核病菌の生

理・生態について．帯広畜産大学修士論文．61pp.
Jacobs DL and Bruehl GW (1986) Saprophytic ability of *Typhula incarnata*, *T. idahoensis*, and *T. ishikariensis*. Phytopathology 76: 695-698.
Jennings DH and Lysek G (1999) Fungal Biology: Understanding the Fungal Lifestyle (2nd Edition). Oxford, UK: Bios Scientific Publishers. 166pp.
Kristinsson H and Gudleifsson BE (1976) The activity of low-temperature fungi under the snow cover in Iceland. Acta Bot. Isl. 4: 44-57.
Lebeau JB and Logsdon CE (1958) Snow mold of forage crops in Alaska and Yukon. Phytopathology 48: 148-150.
Lipps PE (1980) The influence of temperature and water potential on asexual reproduction by *Pythium* spp. associated with snow rot of wheat. Phytopathology 70: 794-797.
Lipps PE and Bruehl GW (1978) Snow rot of winter wheat in Washington. Phytopathology 68: 1120-1127.
Lipson DA, Schmidt SK and Monson RK (1999) Links between microbial population dynamics and nitrogen availability in an alpine ecosystem. Ecology 80: 1623-1631.
Lipson DA, Schadt CW and Schmidt SK (2002) Changes in soil microbial community structure and function in an alpine dry meadow following spring snow melt. Microb. Ecol. 43: 307-314.
Ludley KE and Robinson CH (2008) 'Decomposer' basidiomycota in Arctic and Antarctic ecosystems. Soil Biol. Biochem. 40: 11-29.
MacBrayer JF and Cromack K Jr. (1980) Effect of snow-pack on oak-litter breakdown and nutrient release in a Minnesota forest. Pedobiologia 20: 47-54.
Mäkelä K (1981) Winter damage and low-temperature fungi on leys in north Finland in 1976-1979. Ann. Agric. Fenn. 20: 102-131.
Margesin R, Neuner G and Storey KB (2007) Cold-loving microbes, plants, animals — fundamental and applied aspects. Naturwissenschaftern 94: 77-99.
松本直幸(2005)多様な冬期気象条件に対する雪腐小粒菌核病菌の適応．日本微生物生態学会誌 20：13-19.
Matsumoto N and Araki T (1982) Field observation of snow mold pathogens of grasses under snow cover in Sapporo. Res. Bull. Hokkaido Natl. Agric. Exp. Stn. 135: 1-10.
Matsumoto N and Tajimi A (1985) Field survival of sclerotia of *Typhula incarnata* and of *T. ishikariensis* biotype A. Can. J. Bot. 63: 1126-1128.
Matsumoto N and Tajimi A (1988) Life history strategy in *Typhula incarnata* and *T. ishikariensis* biotypes A, B, and C as determined by sclerotium production. Can. J. Bot. 66: 2485-2490.
Matsumoto N, Tronsmo AM and Shimanuki T (1996) Genetic and biological characteristics of *Typhula ishikariensis* isolates from Norway. Eur. J. Plant Pathol. 102: 431-439.
Matsumoto N, Kawakami A and Izutsu S (2000) Distribution of *Typhula ishikariensis* biotype A isolates belonging to a predominant mycelial compatibility group. J. Gen. Plant Pathol. 66: 103-108.
Moore TR (1983) Winter-time litter decompotistion in a subarctic woodland. Arc. Alp.

Res. 15: 413-418.
Morita RY (1975) Psycrophilic bacteria. Bacteriol. Rev. 39: 144-167.
Nakajima T and Abe J (1990) A method for assessing resistance to the snow molds *Typhula incarnata* and *Microdochium nivale* in winter wheat incubated at the optimum growth temperature ranges of the fungi. Can. J. Bot. 68: 343-346.
Nakajima T and Abe J (1994) Development of resistance to *Microdochium nivale* in winter wheat during autumn and decline of the resistance under snow. Can. J. Bot. 72: 1211-1215.
波川啓士・渡辺剛志・斉藤泉・高澤俊英(2004)好冷性雪腐大粒菌核病 *Sclerotinia borealis* の好乾的環境下での寒天培養における菌糸の成長. 帯大研報 25：23-6.
日本植物病理学会(2000)日本植物病名目録. 日本植物防疫協会, 東京. 124-126, 156.
Oshiman K (1999) Change in isolation frequency of *Typhula ishikariensis* from turfgrass under snow cover on golf courses. Mycoscience 40: 373-375.
尾崎政春(1979)オーチャードグラス雪腐大粒菌核病の発生生態. 北海道立農試集報 42：55-65.
Packer A and Clay K (2000) Soil pathogens and spatial patterns of seedling mortality in a temperate tree. Nature 404: 278-281.
Remsberg R and Hungerford CW (1933) Certain sclerotium diseases of grains and grasses. Phytopathology 23: 863-874.
Robinson C (2001) Cold adaptation in Arctic and Antarctic fungi. New Phytol. 151: 341-353.
Sahashi N, Kubono T and Shoji T (1995) Pathogenicity of *Colletotrichum dematium* from current-year beech seedlings exhibiting damping-off. Eur. J. For. Path. 25: 145-151.
Saito I (2001) Snow mold fungi in the Sclerotiniaceae. *In* Iriki N, Gaudet DA, Tronsmo AM, Matsumoto N, Yoshida M, and Nishimune A. eds., Low Temperature Plant Microbe Interaction under Snow. pp.37-48. Hokkaido National Agricultural Experiment Station, Sapporo, Japan.
Schadt CW, Martin AP, Lipson DA and Schmidt SK (2003) Seasonal dynamics of previously unknown fungal lineages in tundra soils. Science 301: 1359-1361.
Schmidt SK and Lipson DA (2004) Microbial growth under the snow: implications for nutrient and allelochemical availability in temperate soils. Plant Soil 259: 1-7.
Schmidt SK, Wilson KL, Meyer AF, Gebauer MM and King AJ (2008) Phylogeny and ecophysiology of opportunistic "snow molds" from a subalpine forest ecosystem. Microb. Ecol. 56: 681-687.
Schmidt SK, Frankel, SR, Wagner RL and Lynch RC (2013) Do growth kinetics of snow-mold fungi explain exponential CO_2 fluxes through the snow? *In* eds. Imai R, Yoshida M, and Matsumoto N, Plant and Microbe Adaptations to Cold in a Changing World. Springer, New York (in press). ISBN 978-1-4614-8252-9
Schneider EF and Seaman WL (1987) Snow mold diseases and their distribution on winter wheat in Ontario in 1982-1984. Can. Plant Dis. Surv. 67: 35-39.
Scott SW (1984) Clover rot. Bot. Rev. 50: 491-504.
Smith JD (1975) Snow molds on winter cereals in northern Saskatchewan in 1974. Can. Plant Dis. Surv. 55: 91-96.

Smith JD (1987) Winter-hardiness and overwintering diseases of amenity turgrasses with special reference to the Canadian Prairies. Tech. Bull. Agriculture Canada. 1987-12E, 193pp.

Stark N (1972) Nutrient cycling pathways and litter fungi. BioScience 22: 355-360.

高松進(1989)麦類雪腐病―とくに褐色雪腐病の発生生態に関する研究. 福井農試特別報告 9：1-135.

Taylor BR and Jones HG (1990) Litter decomposition under snow cover in a balsam fir forest. Can. J. Bot. 68: 112-120.

Tojo M and Newsham KK (2012) Snow moulds in polar environments. Fungal Ecol. 5: 395-402.

冨山宏平(1955)麦類雪腐病に関する研究. 北海道農試報告 47, 234pp.

Törmälä T and Eloranta A (1982) Decomposition of dead plant material in an abandoned field in Central Finland. Ann. Bot. Fennici. 19: 31-38.

Vaartnou H and Elliott CR (1969) Snowmolds on lawns and lawngrasses in northwest Canada. Plant Dis. Rptr. 53: 891-894.

Vidal-Leiria M, Buckey H and van Uden N (1979) Distribution of the maximum temperature for growth among yeasts. Mycologia 71: 493-501.

Wiese MV (1977) Compendium of Wheat Diseases. American Phytopathological Society. St. Paul, 106pp.

Ylimäki A (1962) The effect of snow cover on temperature conditions in the soil and overwintering of field crops. Ann. Agric. Fenn. 1: 192-216.

第2章　生態と生理

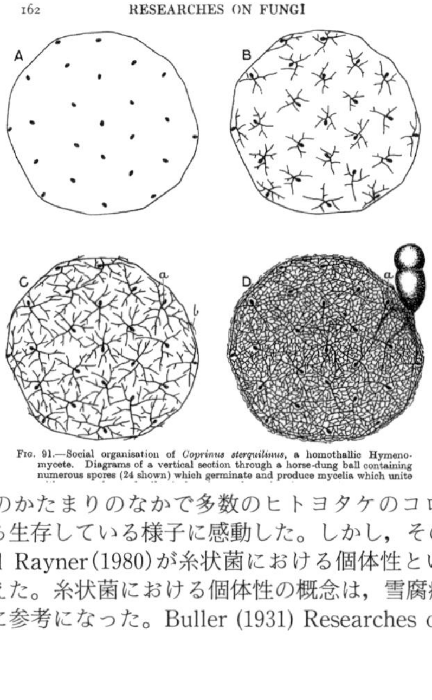
162 RESEARCHES ON FUNGI
A
B
C
D
a
b
FIG. 91.—Social organisation of Coprinus sterquilinus, a homothallic Hymenomycete. Diagrams of a vertical section through a horse-dung ball containing numerous spores (24 shown) which germinate and produce mycelia which unite

Buller は馬糞のかたまりのなかで多数のヒトヨタケのコロニーが相互に助け合いながら生存している様子に感動した。しかし，その現象については，Todd and Rayner (1980) が糸状菌における個体性という見地から新しい解釈を加えた。糸状菌における個体性の概念は，雪腐病の生態を研究する上で大いに参考になった。Buller (1931) Researches on Fungi IV より。

積雪下は植物バイオマスという資源に限りがあり，その利用に関し雪腐病菌は collectivism (集産主義) と individualism (個人主義) のふたつの戦略を採用している。積雪がなくても活動できる条件的雪腐病菌と積雪に依存する絶対的雪腐病菌の一部は，collectivism により多くの系統が資源を共有する。一方，individualism を採る絶対的雪腐病菌は，資源を系統あるいは「個体」がその持ち分を排他的に占有する。積雪期間の長さはもちろん，根雪がいつ始まるかという問題も重要である。積雪の予測性は雪腐病菌の生存戦略を分化させた。典型的には菌核の発芽速度や大きさの変異に見られる。雪腐病菌は，凍結に耐え，さまざまな温度に対する代謝活性に特徴的な反応を示す。また，不凍蛋白の産生，好高浸透圧，脂肪酸組成の変化，植物組織を天然の凍結保護剤として利用するなどの方法で身を守る仕組みを発達させている。

氷雪圏という雪腐病菌の生息場所は一般の生物のそれとは大きく異なる。それは雪腐病菌が積雪という物理的環境に依存しているためである。またそこは，植物組織という資源に限りのある世界で，雪腐病菌はそれぞれ独自の生存戦略を発達させた。氷雪圏という生息場所がいつ実現しどれだけ持続するのか，雪腐病菌は積雪の予測性に対してもさまざまな対応方法を発達させた。もちろん氷雪圏は氷点下の環境なので，そこで活動するには寒さにも対処しなければならない。

1. 生存戦略

異なる雪腐病菌はニッチの分化により共存している(Matsumoto and Sato, 1983)。マクロな視点からそれは分布域の違いとして表れ(Matsumoto et al., 1982; Takamatsu, 1989a)，ミクロな眼で観ると利用する植物組織の違いとして検出される(Takenaka and Arai, 1993)。ここでは，同じ生息場所で同じ資源を利用する同一種内系統間の相互関係について述べる。

植物の生育期間中に活動する通常の病原菌は，植物地上部の組織を利用し尽くすと，未利用の健全植物組織へ胞子を飛散させ，二次伝染する(空気伝染)。しかし，積雪下では病原菌のこのような移動は不可能で，事前(根雪前)に空気伝染により宿主植物に到達するか，菌核などの耐久体から発芽した菌糸により積雪下で手近な植物を利用するしかない(土壌伝染)。例外は宿主の全生育ステージに病原菌として関与する条件的雪腐病菌である(後述)。氷雪圏において二次伝染は基本的に存在しない。また，積雪のため植物は光合成をすることができず，バイオマスは増加しない。言い換えれば，積雪下という雪腐病菌にとっての生息場所は，利用可能な資源に限りのある環境であるといえる。このような条件下で，雪腐病菌は対照的な生存戦略を採用している。

限られた資源を利用するやり方は，collectivism(集産主義)と individualism(個人主義)のふたつに分けられる。積雪がなくても活動できる条件的雪腐病菌は，通常の病原菌の大多数と同じく collectivism により資源を共有する。このような菌では，同種内の遺伝的に異なる系統が資源を共有するので，ひとつの植物組織片から複数の病原菌系統が分離されることもある。一方，individualism という戦略を採る雪腐病菌では資源は系統ごとに分配され，それぞれの系統がそれぞれの持ち分を排他的に占有する。積雪下は資源に限りのある生息場所ではあるが，植物バイオマスは夏の間に補充される。individualism を採用した雪腐病菌は積雪下では互いに競争するが，植物が生育する間は休戦する。しかし，休戦中は農作業という人為的な攪乱が競争関係に拍車をかける。すなわち，互いのテリトリーは耕起により混じり合うのである。

一方，氷雪圏に必ずしも依存しない雪腐病菌は，積雪のない植物生育期にも病気を起こしうる。このような雪腐病菌を条件的雪腐病菌という。その生育温度範囲は高めで，分布範囲は空間的にも時間的にも広い（Matsumoto, 1994，表2-1）。典型的な条件的雪腐病菌である *Microdochium nivale* は，秋播コムギなど冬穀物の全生育ステージにおいて，病原菌として関与している

表2-1　絶対的雪腐病菌および条件的雪腐病菌とそれらの培養温度[1)]

学名	和名	培養温度(°C)[2)]		
		最低	最適	最高
絶対的雪腐病菌				
Pythium iwayamai	褐色雪腐病菌	<0	18〜22	25〜30
Racodium therryanum	暗色雪腐病菌	<−5	15〜20	nd
Sclerotinia borealis	雪腐大粒菌核病菌	<−7	10〜15	<20
S. nivalis	雪腐病菌	<0	20	nd
Typhula incarnata	雪腐褐色小粒菌核病菌	<−7	10〜15	<20
T. ishikariensis	雪腐黒色小粒菌核病菌	<−7	5〜10	<20
Athelia sp.[3)]	スッポヌケ病菌[4)]	nd	10	<25
条件的雪腐病菌				
P. paddicum	褐色雪腐病菌	<0	22	30
Microdochium nivale	紅色雪腐病菌	>−5	10〜20	30
S. trifoliorum	マメ科牧草菌核病菌	<0	15〜19	nd

1) Matsumoto (1994) を改変
2) Hoshino ほか (2009) による。nd：未測定
3) 川上顕（未発表）
4) 培養温度は清水・宮島（1990）より

(Cook, 1981)。すなわち，赤かび病にかかった穂由来の *M. nivale* は，出芽前後の苗立枯病を引き起こし，発芽した幼植物の地際を侵し，さらに積雪下では紅色雪腐病の原因となる(中島・根本，1987)。そして越冬後は葉に病斑を形成し，最後に穂に赤かび病を起こす。また，北陸地方ではオオムギなどに対し株腐病菌 *Ceratobasidium gramineum*(Takamatsu, 1989b)や雲形病菌 *Rhynchosporium secalis*(鈴木・荒井，1990)が積雪下で加害することもある。これに対し，絶対的雪腐病菌の生育適温は低めで，原則として積雪下で活動する。

1) 個 体 性

Todd and Rayner(1980)は，糸状菌のなかには自己・非自己を認識する機構により，ほかの生物と同じく「個体」というものが存在することを説いた。典型的な例は木材腐朽菌に見られる。切り株などの腐朽材には子実体が多数形成される。個々の子実体形成にはそれぞれの系統(個体)のテリトリーから得られたエネルギーが使われている。腐朽材の内部は腐朽により分解されもろくなった部分(decay column)と，黒くて堅い腐朽の進んでいない周辺部が複雑に絡み合って，断面は大理石模様をしている。個々の decay column がそれぞれの個体のテリトリーである。個体性のある菌は積極的に菌糸融合を行うが，多くの場合融合細胞は死滅するので，個体は混じり合わない。この現象には細胞質不和合性が関与している。細胞質和合性はヒトの臓器適合型などに相当するもので，平板培地で遺伝的に異なる系統を対峙培養すると，コロニーの接触部分には死滅細胞が褐色の境界線として現れる(図 2-1)。この方法は同種異菌株間の細胞質和合性を判定するのに用いられ，互いに和合性の菌株はひとつの MCG(Myelial Compatibility Group)を形成する。このようにして判別された「個体」は必ずしも遺伝的背景を完全に共有するわけでなく，DNA レベルで異なるものが含まれることもある(図 2-2，Matsumoto et al., 1996b)。

雪腐病菌において，個体間の排他的競争を最初に報告したのは，Lebeau (1975)である。彼は，LTB(Low Temperature Basidiomycete，第 3 章参照)の異な

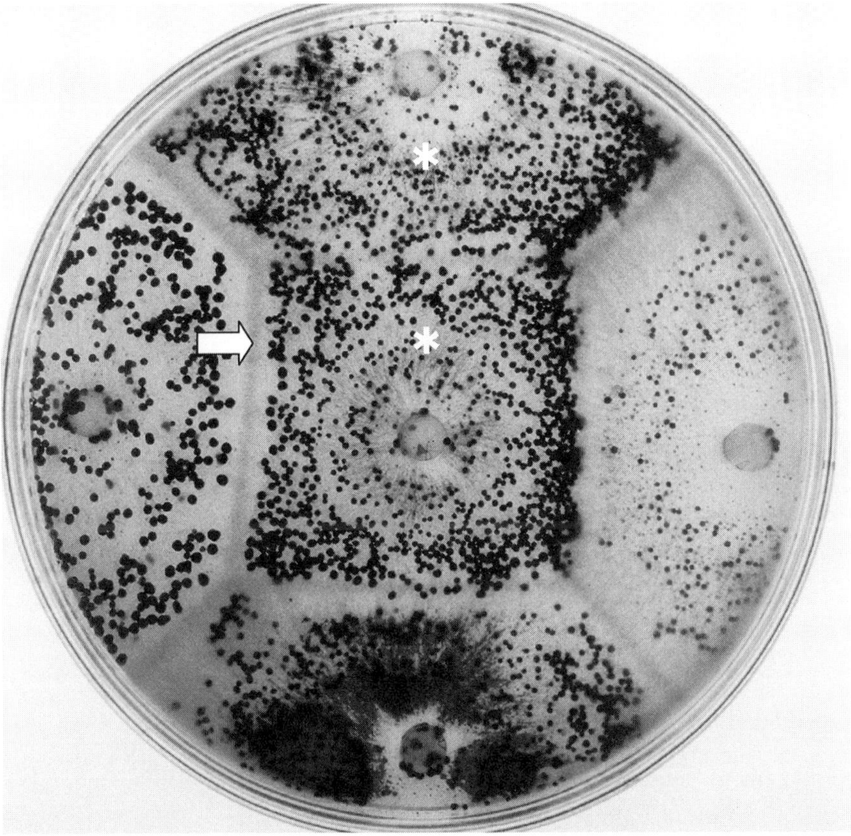

図2-1　対峙培養による個体(MCG)の識別。細胞質和合性の異なる個体間には褐色の境界線(矢印)が生じるが，同じ個体(アステリスク)間には境界線を生じることはない。

る系統を混合してアルファルファに接種すると，発病度が低下することを発見した。同様に，Årsvoll(1976)は，4種の雪腐病菌において，同種の菌株を混合接種し発病度の低下を観察した(表2-2)。発病度の低下は，雪腐黒色小粒菌核病菌と雪腐褐色小粒菌核病菌で認められた。しかし，子のう菌に属す紅色雪腐病菌と雪腐大粒菌核病菌では混合しても発病度に変化は見られず，これらの菌には明確な個体性がないことが示された。Matsumoto and Tajimi(1983)は雪腐小粒菌核病菌の混合接種による発病の低下を，Todd and

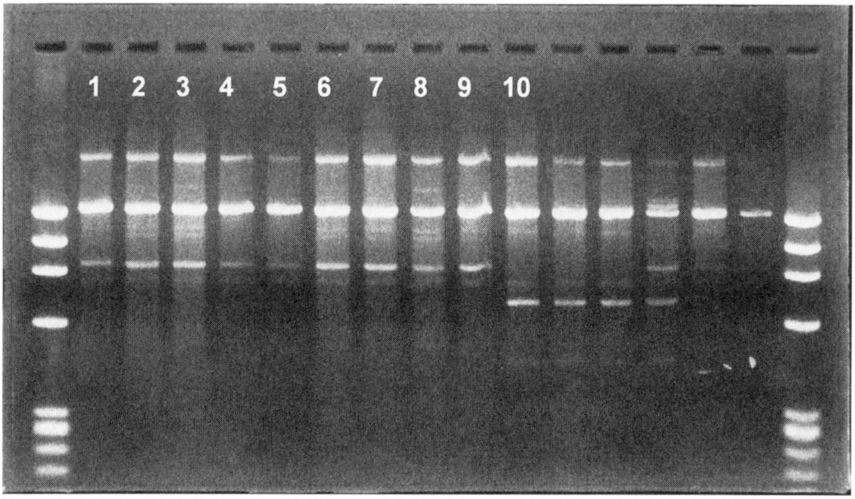

図 2-2　対峙培養により同じ個体(MCG)に属すると判定された雪腐黒色小粒菌核病菌生物型 A 菌株の RAPD パターンの比較(Matsumoto et al., 1996b)。レーン 1〜10 は対峙培養によれば同じ個体と判定されるが，DNA レベルでは，レーン 10 の菌株はほかの菌株と異なる。そのほかのレーンは異なる個体。

表 2-2　各種雪腐病における混合接種による発病度変化[1,2]

雪腐病菌	1 菌株接種				混合接種
	菌株 A	菌株 B	菌株 C	菌株 D	A+B+C+D
雪腐黒色小粒菌核病菌	96.1	99	98.7	93.7	＜5.0
雪腐褐色小粒菌核病菌	96.2	70.6	94.9	88.3	46
紅色雪腐病菌	75.9	82.9	96.5	86.8	87.8
雪腐大粒菌核病	89.6	81.9	78.4	89.3	87.1

1) Årsvoll (1976) より

2) 数字はチモシーの被害度を示し，菌株 A〜D は任意の番号を示す。

Rayner (1980) の理論に照らし合わせ考察し，異なる接種源を混合することは，個体間競争を全面的に拡げることになると考えた。個体間競争(排他的資源利用)の結果は，雪腐黒色小粒菌核病菌による芝生のパッチとして，顕著に表れる(図 2-3，Matsumoto and Tajimi, 1993b)。それぞれのパッチはひとつの個体が占めるテリトリーで，優占的な個体は多数のパッチを占めているのに対し，

図2-3　芝生に形成された生物型Bによる雪腐黒色小粒菌核病のパッチ。2×2 mの試験区には72のパッチがあり，これらはそれぞれひとつの個体(MCG)で占められていた。この試験区には31の個体が存在し，優占的な個体は9つものパッチを占有していた。

ひとつのパッチからしか検出されない小さな個体も数多く見られた。ふたつのパッチが接する境界部分ではしばしば植物が生き残り，そこでは双方の個体の菌糸細胞が死滅し，発病の低下が起こったと考えられる。

2）個体群構造

前述のように，芝生のパッチを形成する雪腐黒色小粒菌核病個体群のなかには持つもの(出現頻度の高い個体)と持たざるもの(検出頻度の低い個体)が混在する(Matsumoto and Tajimi, 1993b)。この違いは何によるものかを知ろうとして，同一分類群内の個体間競争の実験をしたことが個体群構造の解析をするきっかけとなった。2菌株ずつ混合接種し，植物に形成された菌核がどちらの菌株のものであるかを，MCGによる識別に基づいて判定することで優劣を決めるようとした。その結果，生物型Aにおいては，接種に用いたふたつの菌株が同じ MCG に属し優劣が決められない場合がしばしば見られた。これらのなかには分子レベルでも区別できない菌株が多数含まれ，これらの菌株は同一の遺伝的個体(ジェネット，有性生殖に由来する個体が栄養的に増殖した遺伝的に同じ個体の集まり)を構成していることがわかった。個体群構造の解析により，雪腐小粒菌核病の生存戦略一端が以下の様に明らかになった。

(1) 雪腐黒色小粒菌核病菌生物型 A

札幌市の北海道農業試験場(当時)において，雪腐黒色小粒菌核病菌生物型 A では少なくとも 6 つの MCG が複数の牧草育種圃場から見つかった(図 2-4)。雪腐黒色小粒菌核病菌のなかでも，生物型 A は交配不和合性因子(第 3 章参照)の解析結果から遺伝的多様性が低いことが示唆されており(Matsumoto and Tajimi, 1993a)，1 枚の圃場内や近接する圃場間で同じ MCG が存在することは容易に予想された。しかも同じ MCG は，南西部を除いた北海道全域から見つかった(Matsumoto et al., 1996b; Matsumoto et al., 2000)。MCG S，1，2，3，5 は浜頓別，枝幸，美深，名寄，訓子府からも発見されたが，特に MCG S(スーパーMCG)は石狩平野以東に広く分布していた。スーパーMCG に属す 10 菌株を DNA レベルで調べると，5 つのサブ MCG に分けられた(Matsumoto et al., 1996b)。これらのサブ MCG はすべての交配不和合性因子

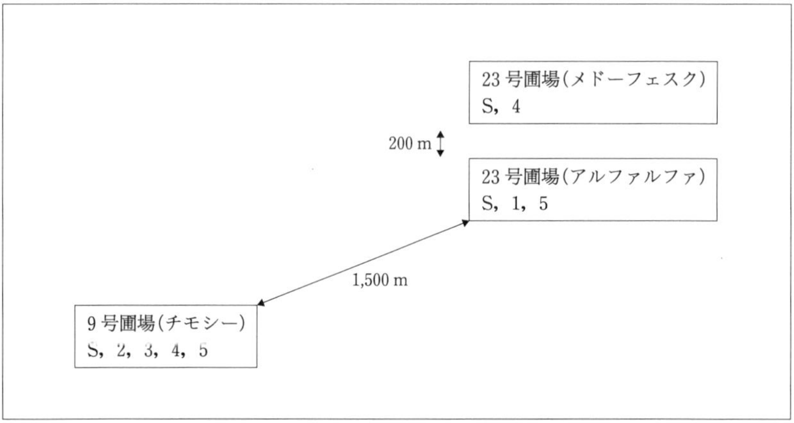

図 2-4　北海道農業試験場(当時)牧草育種圃場における雪腐黒色小粒菌核病菌生物型 A の MCG の分布。S と 1〜5 はそれぞれの MCG 番号を示す。

を共有し，それぞれ姉妹交配などにより成立した独自のジェネットであることがわかった。これに対し，雪腐黒色小粒菌核病菌生物型Bや雪腐褐色小粒菌核病菌では交配不和合性因子の解析結果から，これらの菌は遺伝的に多様(Matsumoto and Tajimi, 1989)であることが示された(第3章参照)。

全道的に調べてみると，道東で採集した697の生物型A菌株のうち，37.9%がスーパーMCGに属し，道北，道央における頻度(14.4%，466菌株調査)と比べて高いことが明らかになった。すなわち，道東ではスーパーMCGがかなり優占していることを示す(Matsumoto et al., 2000)。道東においては近年の多雪化傾向により，従来の生物型Bにかわって生物型Aの被害が顕在化する(Matsumoto and Hoshino, 2013)なかで，スーパーMCGはその中心的役割をしているものと思われる。また，道南，東北にも生物型Aは分布するものの，これらの地域由来の調査97菌株のなかにはスーパーMCGに属す菌株は見られなかった。

過去の氷期において，宗谷海峡は少なくとも3回，津軽海峡は1回干上がり，サハリンや本州は北海道と陸続きになっている(図2-5，小野，1990)。海峡にできた陸橋を渡って，雪腐黒色小粒菌核病菌生物型Aはサハリンから北海道に侵入し，さらに東北まで到達したと考えられる。サハリンを調査し

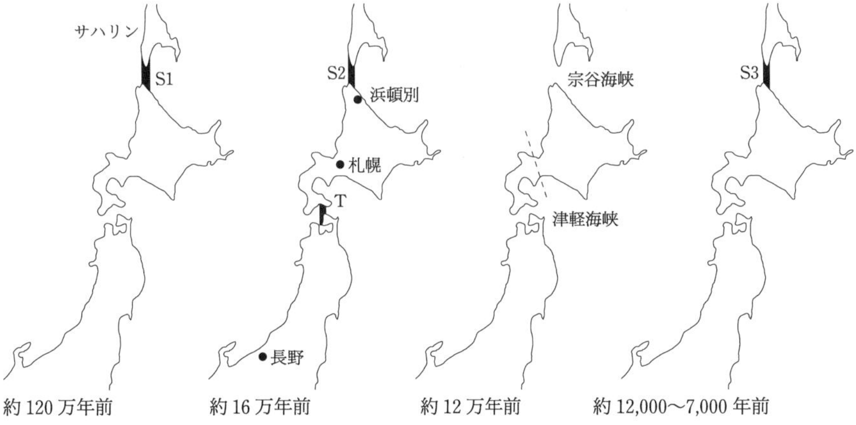

図2-5　更新世における陸橋(S1，S2，S3およびT)。(Matsumoto et al., 2000を一部改変)。約12万年前には札幌のある石狩平野が海となり，北海道は二分されている。

たところ，スーパーMCG に属す菌株が見つかり，そのなかには北海道の菌株と同じジェネットに属する菌株もあった(星野ほか，2004)。このジェネットは道南には分布していないので宗谷海峡にかかる陸橋 S1 や S2 でなく，約 1 万年前にできた陸橋 S3 をクローン的に拡散し，北海道に到達したと考えられる。道南や本州にも分布する生物型 A は，津軽海峡に架かる陸橋 T を渡ってきたのだろう(Matsumoto et al., 2000)。

⑵ 雪腐黒色小粒菌核病菌生物型 B

植物が平面的かつ均質に生育する芝生では，雪腐病に感染すると被害部分は同心円状に拡大し，融雪後には雪腐病菌の活動の跡が均質なパッチとして観察される(図 2-3)。パッチ内の罹病植物は通常枯死することなく，夏までには完全に回復するので，生物型 B による雪腐黒色小粒菌核病の場合，前年に形成された菌核が翌年の伝染源となって，パッチは毎年拡大するものと思われる。それぞれのパッチはひとつの MCG により占有されるので，パッチの拡大は個体の成長と見なすことができる。

1998 年の春，岩手県北上山地を調査中に牧草地のなかに直径約 60 m の大きなパッチと 20 m 程度のパッチ数個を見つけた(図 2-6)。大きなドーナツ状のパッチに近づいてみると，そこはオーチャードグラスが主体の草地で，パッチ外周部の植物は枯死し内部には枯死を免れたか後から侵入したと思われる植物も多くあった。枯死植物には生物型 B の菌核が見られた。この大きなパッチを，当時ハリウッドで復活した特撮映画にちなんでゴジラパッチと名付けた。ゴジラパッチの年齢をまず推定してみた。1 年に 0.125 m パッチが拡張するとして，

60 m÷2÷0.125 m＝240 歳

という結果が得られた。この推定値に疑問を抱きながら，パッチ内の枯死植物由来の分離菌株の個体群構造を調べたところ，そこからは複数の MCG が検出された。つまり，ひとつの個体が成長してゴジラパッチになったわけではなかった。おそらく，その正体は森林や草原，牧草地に発生する菌輪(フェアリーリング)により衰弱したオーチャードグラスに生物型 B が感染したものと思われる。フェアリーリングは，担子菌による植物の枯死あるいは生

図2-6　岩手県北上山地で見つかったゴジラパッチ（矢印）と小さめのパッチ（星印）

育促進現象として認識され，周辺部にはキノコが環状に発生する。大きなフェアリーリングは直径数百mにもなるという。

⑶　農耕が個体群構造に与える影響

雪腐小粒菌核病菌の個々の種の生存戦略により個体群構造が決定され，また環境の影響も個体群構造に反映される。Matsumoto and Tajimi (1993b) はさまざまな生息場所において，耕起などの攪乱の影響と個体群構造の変化を比較した（表2-3）。路傍などの非農耕地や牧草の系統保存のための圃場は永年にわたり攪乱されることのない安定した生息場所である（生息場所G，I，J，H）。これに対し，秋播コムギ圃場や造成1年目の牧草育種圃場（生息場所A，B，C）は強い攪乱を受けている。造成2〜3年後の圃場は攪乱程度が中程度である（生息場所D，E，F）。

雪腐褐色小粒菌核病菌の個体群構造は攪乱の程度を問わず複雑で，多産多死の生存戦略が反映されていた。その担子胞子は感染源として機能し（Hindorf, 1980; Matsumoto and Araki, 1982），冬ごとに新しいジェネットを生じる一

表 2-3 攪乱程度が異なる生息場所における雪腐小粒菌核病菌個体群の多様性比較[1)]

分類群[2)]	生息場所	植生[3)]	攪乱程度[4)]	供試菌株数	ユニークなMCGの割合(%)[5)]	多様性指数[6)]
Tin	A	MF(個体植え)	強	24	91.7	22.65
	G	TI(個体植え)	弱	15	100.0	15.00
A	A	MF(個体植え)	強	36	25.0	9.59
	D	PR(個体植え)	中	50	30.0	12.42
	E	AL(条播)	中	60	33.3	14.53
	F	OG(個体植え)	中	17	23.5	7.64
	G	TI(個体植え)	弱	86	4.9	8.51
	I	非農耕地	弱	11	72.7	8.15
B	C	秋播コムギ(連作)	強	30	3.3	2.88
	F	OG(個体植え)	中	76	22.4	11.24
	I	非農耕地	弱	20	50.0	10.90
	J	非農耕地	弱	13	61.5	7.00
ssB	B	秋播コムギ(転換畑)	強	19	5.3	1.23
B+ssB	H	ゴルフ場芝生	弱	72	26.4	20.25

1) Matsumoto and Tajimi (1993b) を改変
2) Tin：雪腐褐色小粒菌核病菌，A：雪腐黒色小粒菌核病菌生物型 A，B：生物型 B，ssB：生物型 B 小型菌核フォーム
3) MF：メドーフェスク，TI：チモシー，PR：ペレニアルライグラス，AL：アルファルファ，OG：オーチャードグラス
4) 強：前年に生息場所が耕起により攪乱を受けた。中：2〜3 年前に耕起された。弱：5〜8 年前に耕起，あるいは非農耕地
5) 1 菌株のみの MCG
6) Hill の多様性指数

方，菌核のほとんどは休眠中に死滅する(図 3-9，Matsumoto and Tajimi, 1985)ので夏には多くのジェネットが死滅すると考えられた。

対照的に少産少死の戦略を採る雪腐黒色小粒菌核病菌のなかでも，生物型 B は攪乱や環境の影響が強く個体群構造に反映されていた。30 年以上にわたり秋播コムギが連作された圃場(生息場所 C)における個体群構造は単純で，採集した 30 菌株は 4 つの個体に類別され，もっとも優占的な個体が菌株の半数を占めた(図 2-7)。攪乱が著しくしかも過酷な環境にある仙台(生息場所 B)の個体群構造はさらに単純であった。ここでは，土壌環境に適した小型菌核フォームのみが生存できる(第 3 章参照)。これに対し安定した路傍の生

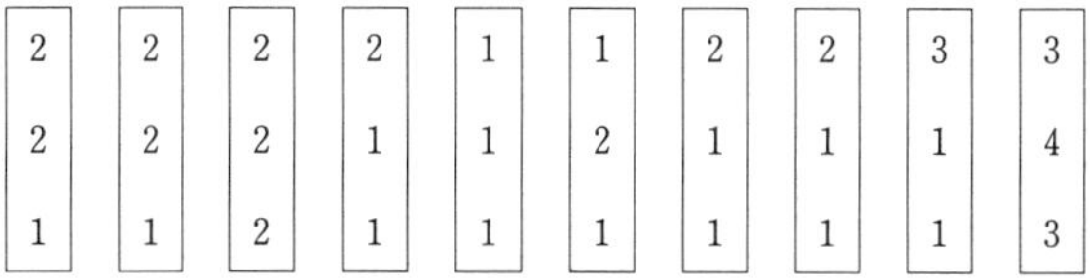

図 2-7　30年以上の秋播コムギ連作圃場(北海道訓子府町)における雪腐黒色小粒菌核病菌生物型 B の個体群構造。長方形の畦における同じ数字は同じ MCG に属す個体を示す。

息場所 I と J における個体群では，1菌株しか検出されないユニークな個体が調査菌株数の半分以上を占めていた。

生物型 A は多雪地帯のみに分布し(Matsumoto et al., 1982)，仙台のように環境の過酷なところでは生存できない。攪乱の個体群構造に及ぼす影響は明確ではなかったが，攪乱の弱い生息場所 G の個体群は全体として，同じ北海道農業試験場にあるより攪乱程度の高い生息場所 A と D に比べ，ユニークな個体の割合が低かった(表 2-3)。また生息場所 G の個体群は概して病原力が強く，生育速度は遅い傾向があった(表 2-4)。これらの生息場所はいずれも牧草が間隔をおいて1株ずつ個体植えされている。生息場所 G では植物体上の直径数十 cm という限られた空間で，個体間競争が進むにつれ病原力の強いものが選択されてきたと考えられた。

表 2-4　攪乱程度の異なる生息場所における雪腐黒色小粒菌核病菌生物型 A の病原力の比較[1]

	生息場所 A(1)[2]		生息場所 D(2)[2]		生息場所 G(8)[2]	
	病原力[3]	菌糸生育速度[4]	病原力	菌糸生育速度	病原力	菌糸生育速度
平均	2.88	1.14	2.39	1.23	3.41	1.02
最小有意差(5%)	0.77	0.08	0.74	0.08	0.63	0.16
変動係数(%)	31.0	17.6	29.6	6.1	19.8	30.5

1) Matsumoto and Tajimi(1993b)より。それぞれ任意に18菌株供試した。
2) A：メドーフェスク，D：ペレニアルライグラス，G：チモシーを個体植え栽培。数字は攪乱後の経過年数
3) 接種オーチャードグラスの被害度(0：健全～6：枯死)に基づく
4) 0°C，PDA 21日間培養。数字は1日当たりの伸長速度(mm)

2. 積雪の予測性

積雪下は雪腐病菌の活動に必要なすべての条件を満たしているので，積雪期間が長ければ長いほど活動期間は延長され，雪腐病菌に好都合となる。一方，根雪がいつ始まるかという問題も，積雪期間の長さ同様，雪腐病菌にとって重要である。雪腐病菌の多くは夏の間休眠し，活動すべき冬に備える。そのためには，秋〜初冬までには，覚醒し活動できるようにしておく必要がある。いつ活動を再開するかは，積雪期間の長短に関わらず，どのような生息場所においても重大な問題である(松本，2005)。この問題に対しては，ジェネラリストの雪腐褐色小粒菌核病菌でさえ根雪予測性の高低に対応した分化を示している(Matsumoto et al., 1995)。一方，雪腐黒色小粒菌核病菌はスペシャリストを輩出することで，積雪期間の長短に対応してきた(Matsumoto and Tajimi, 1990)。両者における積雪条件の違いに対する反応は，菌核サイズの多様性にも顕著に表れている(図 2-8)。また，気象変動の激しいアラスカ内陸部では，雪腐大粒菌核病菌も菌核から子のう盤を生じ子のう胞子を飛散させるという通常の感染方法をとらず，菌核から菌糸を直接発芽させること

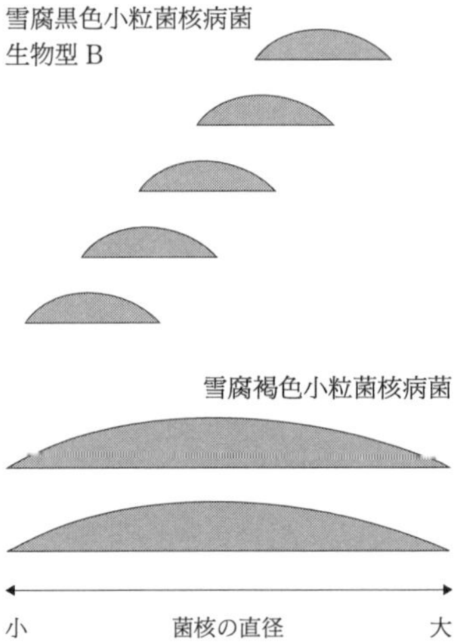

図 2-8　雪腐黒色小粒菌核病菌生物型 B と雪腐褐色小粒菌核病菌における菌核サイズに関する変異(松本，2005 を改変)。個々の三日月型の厚さはひとつの菌株における菌核サイズの頻度を示す。雪腐黒色小粒菌核病菌生物型 B(上の 5 つ)はひとつの分類群としてはかなりの変異を示すが，菌株内変異は小さい。一方，雪腐褐色小粒菌核病菌(下のふたつ)の菌株内変異は大きく，ひとつの菌株だけで雪腐黒色小粒菌核病菌生物型 B の変異に匹敵する。

で，手近な植物に感染し，かろうじて生き残っているという(McBeath, 1988)。

1）菌核の発芽

雪腐小粒菌核病菌の菌核が1 kgの土壌中に60〜70個あると，条件によっては雪腐病がひどく発生する(Jacobs and Bruehl, 1986)。しかし，これらの菌核は，発芽しても根雪にならなければ死滅してしまう恐れがある。雪腐黒色小粒菌核病菌では二次菌核が形成されることがあるが(Christen, 1979)，これは一度発芽した菌核が不適な環境下で再度休眠するための適応的な行動といえる(図2-9)。また，チューリップの地下部を侵すロシアの雪腐黒色小粒菌核病菌は土壌中で1〜7個の二次菌核を形成するが(Tkachenko, 1995)，このような行動も環境変化に対する適応と考えられている(Tkachenko, 2013)。

雪腐病菌の菌核発芽に関する情報は乏しいが(Saito, 2001)，発芽には秋の低温多湿条件が関与していると考えられる(Detiffe and Maraite, 1985)。たとえば，自然条件下において，雪腐大粒菌核病菌の菌核は9〜10月にかけ発芽し

図2-9　雪腐黒色小粒菌核病菌生物型Aにおける二次菌核(左側矢印)の形成。通常は菌核からは子実体柄(右側)を生じ，その先端に子実部を形成する。

始め，子のう胞子の飛散は11月初旬～中旬にかけピークを迎える。その発芽条件に関する詳細は前章で述べた。雪腐黒色小粒菌核病菌の菌核は，8時間日長で昼10℃/夜5℃の実験条件下に2週間おくと発芽し始め，4週間でほぼ100%が発芽する(Kawakami et al., 2004)。

Maraite et al.(1981)は，雪腐褐色小粒菌核病菌においては菌核の発芽速度に変異があることを報告している。さらに，Matsumoto et al.(1995)は，本菌の個体群ごとの菌核発芽に関する閾値の微妙な違いがそれぞれの生息場所における積雪の予測性と関連していると結論した。彼らは，年間積雪日数の異なる名寄，札幌，富山，および山口からそれぞれ6菌株採集して，人工環境下(10時間日長・昼8℃/夜6℃)で菌核の発芽速度を比較した。菌核発芽におよぼすサイズの影響(次項参照)を除くため，中程度の菌核(2 mmの篩を通過し，1 mmの篩の上に残ったもの)を用いた。いずれの個体群においても，菌核は，約2週間後より発芽し始め，23日後には半数の菌核が発芽した(図2-10A)。本実験条件下においては，各生息場所における積雪条件の違いは，発芽速度に反映されなかった。しかし，つくばにおいて，晩秋に菌核を屋外の日陰(気温は－4～＋14℃で変動)に放置したところ，生息場所の違いは菌核発芽速度の違いとして明らかになった(図2-10B)。積雪期間が長く予測性の高い名寄と札幌の個体群は，積雪期間の短い富山や積雪のほとんどない山口の個体群よりも，早く発芽し，実験を終了した45日目にはほぼ半数が発芽した。実験終了時における富山個体群の発芽率は40%，山口個体群では20%であった。以上の結果から，雪腐褐色小粒菌核病菌個体群における菌核発芽の最適条件は同じであるが，最低条件は個体群により異なることが示唆された。すなわち，山口や富山の本州個体群は，菌核発芽のための閾値が北海道の個体群よりも高いと推定される。このように，本州の雪腐褐色小粒菌核病菌個体群では菌核が一斉に発芽しないことには，適応的な意義がある。北海道では，わずかな環境シグナルにより一斉に菌核が発芽しても，その後は確実に根雪が始まるので，早く発芽した方が有利である。一方，本州においては，このようなわずかなシグナルに反応し発芽しても，その後の生存は保証されない確率が高い。富山や山口では，札幌や名寄に比べ，根雪がいつ始まるか予測

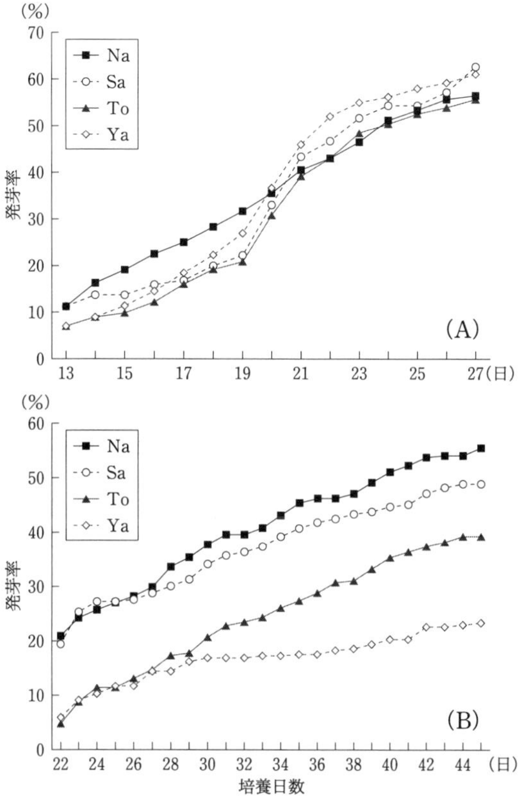

図 2-10　雪腐褐色小粒菌核病菌菌核の人工環境下(A)あるいは屋外(つくば)における子実体形成(Matsumoto et al., 1995)。中程度の菌核(2 mm の篩を通過し，1 mm の篩に残ったもの)を用い，柄が少しでも出現したものを発芽したと見なした。各個体群 6 菌株ずつ供試した。[個体群]Na：名寄，Sa：札幌，To：富山，Ya：山口

が困難であるので，本州の個体群は菌核発芽に関して慎重になったといえる。

2) 菌核のサイズ

マメ科植物などで知られる硬実は，水分環境に対する適応である。硬い種皮は水分を容易に吸収しないため，発芽に時間を要する。一方，雪腐大粒菌核病菌において，直径 1.5 mm 程度の小さい菌核は発芽しづらい(Mäkelä,

1981)。同様に，雪腐黒色小粒菌核病菌生物型Bの小型菌核フォームも発芽しづらい(Matsumoto and Tajimi, 1990)。このような菌核発芽のしやすさに関しては，少なくとも雪腐病菌においては，種皮に相当する外皮層(rind)ではなく，大きさが関連している。しかも植物と異なる点は，菌核は発芽して子実体を形成する(生殖成長)場合と，菌糸を伸長させる(栄養成長)場合があることである。

菌核サイズに関する変異についても，積雪予測性に対する生存戦略が反映されている。雪腐黒色小粒菌核病菌生物型Bにおける菌核サイズの変異パターンは，雪腐褐色小粒菌核病菌のそれとは対照的で，各菌株産地における積雪の予測性と関連している(Matsumoto and Tajimi, 1990)。雪腐褐色小粒菌核病菌ではひとつの菌株内(遺伝子型)における菌核サイズが多様で，どのようなサンプルに基づいているかは不明であるがImai(1937)によれば，その直径は0.5〜4.5 mmと変異が大きい。その範囲は雪腐黒色小粒菌核病菌生物型Bの種としての変異幅を凌駕している(図2-8)。これに対し，雪腐黒色小粒菌核病菌生物型Bでは，個々の菌株の菌核サイズは比較的そろっているが，種としてはかなりの変異を示す(種内変異は大きい)。

(1) 雪腐黒色小粒菌核病菌生物型B

Matsumoto and Tajimi(1990)は，積雪日数の異なる7つの生息場所より9菌株ずつ採取し，菌核サイズ，病原力および菌核発芽について個体群ごとの比較を行った(表2-5)。表からは，積雪日数が多いほど菌核が大きくなることが読み取れる。しかし，年間積雪日数が120日前後とほぼ等しい北海道の八雲，網走，札幌および秋田県の大曲のなかで，大曲個体群の菌核が小さいことは積雪日数では説明できない。そこで，積雪日数を変動係数で割った積雪指数を比較した。積雪指数が高いと，長期の根雪が毎年かわらず存在することを示す。積雪指数は大曲で際だって小さい。すなわち，平均年間積雪日数が同じでも，大曲では多雪年と少雪年の格差が大きく，根雪がいつ始まりいつ終わるかを予測することは困難になっている。

積雪期間が長いと菌核が大きくなることは直感的に理解できる(図2-11)。活動期間が長いとその分菌核に多くの貯蔵養分を蓄えることができる。それ

表 2-5　積雪条件の異なる生息場所における雪腐黒色小粒菌核病菌生物型B個体群の特性比較[1)]

特性	浜頓別	八雲	網走	札幌	大曲	盛岡	仙台
積雪日数[2)]	146.1(8.5)	117.8(6.9)	120.5(9.3)	122.2(10.2)	119.6(18.7)	95.7(20.6)	41.5(34.0)
積雪指数[3)]	17.2	17.1	13	12'.0	6.4	4.7	1.2
菌核サイズ[4)]	1.09(23.0)	0.79(19.4)	0.87(15.8)	0.80(10.5)	0.62(18.5)	0.70(12.8)	0.42(13.6)
病原力[5)]	4.25(10.5)	4.99(10.2)	4.60(14.8)	4.21(13.5)	4.56(13.3)	4.56(12.2)	5.53(6.5)
菌核発芽[6)]	1.18	1.24	0.39	0.65	0.62	0.48	0.05

1) Matsumoto and Tajimi(1990)より抜粋。各個体群9菌株供試した。
2) 年間平均積雪日数(変動係数)
3) 年間平均積雪日数/変動係数：積雪の予測性を示す。
4) 平均直径mm(変動係数)
5) 平均病原力(変動係数)：0＝植物被害なし，6＝枯死
6) 0＝菌核発芽せず，3＝子実体形成。8°C10時間日長/6°C14時間暗黒条件下で培養35日後調査

では，菌核の小さい個体群は，積雪予測性の低い生息場所において，どのような方法で適応しているのであろうか。その生存戦略を明らかにするヒントが，1984年仙台平野の湿田の水田転換畑コムギに雪腐黒色小粒菌核病が発生したことで得られた(Honkura et al., 1986)。1983〜1984年にかけての冬は厳しく，通常積雪は1週間以内に消え，年間積雪日数も少ない仙台平野にあって，積雪日数はこの年60日にもなった。この雪腐黒色小粒菌核病菌は生物型B小型菌核フォームと同定された(Matsumoto and Tajimi, 1991)。小型菌核フォームは当初生物型Cとして別の分類群と考えられていたが(Matsumoto et al., 1982)，菌核サイズに関して種内変異が大きい生物型Bのエコタイプと見なされた。すなわち，生物型BとCは相互交配が可能で，交雑後代も十分な病原力と稔性がある。生物型B小型菌核フォームにより枯死したコムギは，地下部の葉鞘が侵され立枯症状を示し，ときおり地際の葉身基部まで病斑が進展していた。菌核はおもに地下部に見られた。さらに春先の水田では，イネ切株の葉鞘基部内側に菌核が形成されているのが観察された(図2-12)。

このようなことから，雪腐黒色小粒菌核病菌生物型B小型菌核フォームは土壌伝染性であることが示された。地中は日射がなく，地表に比べ温度が

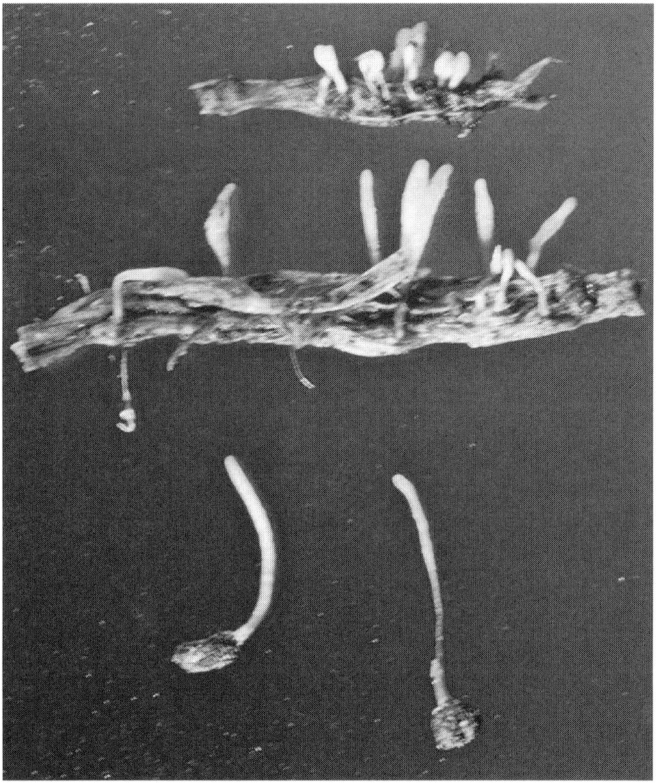

図 2-11　雪腐黒色小粒菌核病菌生物型 B における子実体形成(Matsumoto and Tajimi, 1991)。積雪期間が長いと菌核は大きくなりその子実体も大きい(下段，浜頓別産菌株)。積雪の不安定な生息場所に優占する小型菌核フォーム(上段，仙台産菌株)はほとんど不稔で，その小型の菌核からは，子実体は容易には形成されず，担子胞子の生存力も弱い。中段は札幌産菌株

変動せず，湿度も高く保たれる。また，冬期間は土壌微生物の活動も低下している。生物型 B 小型菌核フォームは，仙台平野にあって次善の生息場所として地下を選んだのであろう。その菌核は小さく，子実体形成はまれで(表 2-5)，実質的に不稔である(表 2-6)。小型菌核フォームは，その強い病原力により(表 2-5)，積雪の有無に関わらず地温が良好になると(本藏，1991)，植物の衰弱を待つことなく侵害し始め，小さい菌核を早く成熟させることで，

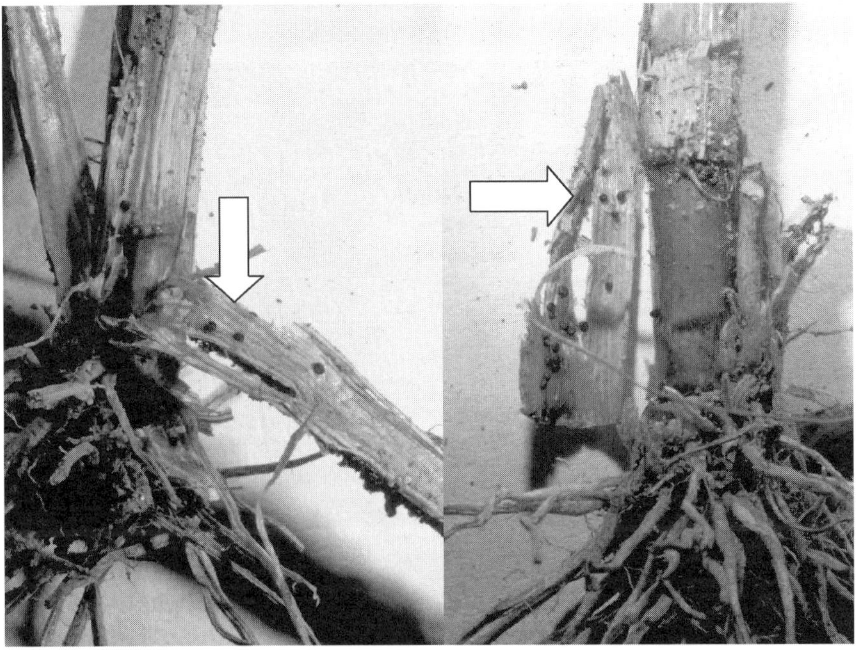

図2-12　仙台平野のイネ切株に形成された雪腐黒色小粒菌核病生物型B小型菌核フォームの菌核(矢印)。菌核はもっぱら地下部の葉鞘基部に形成される。

急速に生活環を閉じることができる(Matsumoto and Tajimi, 1988)。仙台平野において，もともと小型菌核フォームは，湿地に生えるカヤツリグサ，スゲなど単子葉植物の地下部を利用していたのであろう。やがて水田が開発され，収穫後のイネ切株に寄生することで命脈を保った。本来多年生のイネは，秋に刈り取っても切株はある程度生存できるので，本菌の利用できる生きた組織は残っている。1984年大雪の後に，仙台平野の転作コムギに発生した雪腐黒色小粒菌核病は，極度に特殊化したエコタイプが極端な環境にどのように適応しているかを理解するきっかけとなった。また，ゴルフ場のグリーンも代表的な極端な環境で，毎年雪腐病防除のため農薬が散布される。ゴルフ場ではかつて平米当たり1ℓもの農薬が散布されたが，これでも降水量に換算すると1mmにすぎない。散布された農薬が土壌中に深く浸透すること

表 2-6 生物型 B における菌核サイズの変異と交配不和合性因子の共有[1)]

菌株 No.	菌核サイズ[2)]	産地	不和合性因子[3)]			
			A		*B*	
11	大型 B[2)]	浜頓別	1	2	1	2
61	B	八雲	3	4	3	4
64	B	八雲	5	6	3	5
48	B	網走	7	8	6	7
35	中間	札幌	9	10	8	9
55	中間	大曲	10	11	10	11
58	中間	大曲	1	4	9	11
3	中間	盛岡	12	13	5	12
8	中間	盛岡	5	11	5	13
21	ssB	仙台	5	nd	10	nd
23	ssB	仙台	6	nd	3	10
25	ssB	仙台	2	nd	10	nd

1) Matsumoto and Tajimi (1991) を改変

2) 浜頓別のように長期の積雪が安定して起こる生息場所ではしばしば菌核の直径が 2 mm を超える一方，仙台のように予測性の低いところは ssB (小型菌核フォーム) というエコタイプを生じた。

3) 交配不和合性因子 *A* と *B* は任意に決めた。詳細は第 3 章参照。アンダーラインをしたものは複数回検出された。nd：不規則な交配結果により，因子を決定できなかった。このことは小型菌核フォームが有性生殖機能をほぼ失いつつあり，クローン的な増殖に頼っていることを示す。

はない (第 5 章参照)。したがって，地下部の菌は残るので，ゴルフ場でも土壌伝染性の小型菌核フォームが選択される傾向にある。

(2) 雪腐褐色小粒菌核病菌

徳島 (田杉，1936) や山口 (Matsumoto et al., 1995) にも存在する雪腐褐色小粒菌核病菌の分布域の広さは，ひとつの菌株における菌核サイズの変異が雪腐黒色小粒菌核病菌の種内変異に相当することからもうかがえる。大きい菌核からは，そこに十分蓄えられたグリコーゲン，ポリペプタイドほかの貯蔵養分 (Newsted and Huner, 1988; Willetts et al., 1990) を利用して子実体ができる。子実体には，感染能力のある担子胞子 (Matsumoto and Araki, 1982) が多数形成されるので，子実体を発芽させる方法は，遠く離れたところまで拡散するために有効である。ただし，担子胞子の感染ポテンシャル(inoculum potential)は低いので，その後積雪が確実に見込まれるなど環境条件がよくないと成功しない。一方，小さい菌核は子実体を形成することができず(Tränkner and Hindorf, 1982)，発芽して菌糸を伸長させる。菌糸は近くの植物に感染するだけであるが，感染ポテンシャルが高い。したがって，環境条件が十分に整わなくても，有効な感染手段となる。このように，雪腐褐色小粒菌核病菌はひとつの遺伝子型のなかで，大きい菌核は生息地の拡大，小さい菌核は最低限の生存保証と，菌核の役割について二股がけ(bet-hedging)を行っているといえる。

一方小型の菌核のみを形成する雪腐褐色小粒菌核病菌が雪の少ないポーランド・ワルシャワ近郊から発見された(Hoshino et al., 2004a)。これらの菌株の生育適温は10℃でほかのものと変わらないが，菌糸の生育が早く，また10℃で培養すると菌核は通常の大きさのものが多く形成されるようになった。この系統は積雪期間の短さに適応したと考えられるが，詳細は不明である。

3. 耐 凍 性

雪腐病菌の多くは農作物に加害する病原菌だが，作物の栽培に適さない，極めて環境の厳しい極地にも雪腐病菌は分布している(表紙写真参照)。すなわち，アイスランド(Hoshino et al., 2004b)，グリーンランド(Hoshino et al., 2006a)，スカンジナビア北部(Matsumoto et al., 1996a)，スバルバール諸島(Hoshino et al., 2003a)など北大西洋の島嶼や半島海岸，および南極(Bridge et al., 2008; Tojo et al., 2012)からも雪腐病菌の存在が報告されている。これら沿海部は，海洋の影響を受け冬期でも気温が上昇し，融雪水や降雨がその後の低温で凍結することがしばしばある(Årsvoll, 1973, Coulson et al., 1995; Gudleifsson, 2013)。雪腐病菌はまた，アラスカ，カナダ内陸部(Lebeau and Logsdon, 1958; Smith, 1987)やモスクワ，シベリア(Hoshino et al., 2001)のように，土壌が深くまで凍結し，農作物がしばしば凍害により枯死するような地帯にも分布する。

このように，通常積雪により外気の低温から遮断された環境下で生育する雪腐病菌は，周囲が凍結するような条件下にあっても生存可能である。そこでは，雪腐病菌はどのように凍結に対応しているのだろうか。Hodkinson and Wookey(1999)は，越冬性に優れるツンドラの土壌生物の生理生態的特徴として，脱水耐性，不凍物質の産生，過冷却能力，耐寒性，耐凍性，生息場所の選択，積雪下での活動，および無酸素耐性をあげている。菌類においては，トレハロースやポリオール，膜の不飽和脂質，不凍蛋白，低温酵素が低温適応に関連している(Robinson, 2001)。雪腐病菌もまた，このような条件下で，さまざまな方法で凍害から身を守る仕組みを発達させた(Hoshino et al., 2009, 2013)。

1) 代　　謝

雪腐病菌が低温で生育するという特性は，低温性酵素という新しい研究テーマをもたらしたが(星野，1997)，至適活性が低温域にある酵素はほとんど見つかっていない。紅色雪腐病菌のリパーゼ(Hoshino et al., 1996)，*Coprinus psychromorbidus*(LTB)のセルラーゼ，キシラナーゼ(Inglis et al., 2000)や雪腐大粒菌核病菌のポリガラクチュロナーゼ(Takeuchi et al., 2002)は，低温においても活性が比較的低下しにくいが，至適温度は中温性菌の酵素とほぼ同じである。

雪腐病菌が低温で生育するということは，すべての生化学的，生理学的過程が低温でも機能している(Cairns et al., 1995)ということであるが，雪腐病菌の代謝も一般に高温ほど活性化されると考えられる。しかし，代謝過程のごく一部が高温により阻害され，結果的に雪腐病菌は低温でしか生育できないようになっていることも種々の生理学的実験から明らかになってきた。たとえば，培養適温が5°Cの雪腐黒色小粒菌核病菌 *Typhula idahoensis*(＝*T. ishikariensis*)の酸素の取り込みは20°Cで最大になる(Dejardin and Ward, 1971)。また，紅色雪腐病菌の蛋白質は25°Cまで合成されるが，12°C以上では代謝過程に何らかの異常を生じ，結果的に生育適温は9～12°Cになっている(Cairns et al., 1995)。本菌は，25～35°Cでヒートショック蛋白をつくる(Cairns et al., 1995)。これは中温性菌の場合より10°C低い。さらに，*Typhula ishikariensis*

グループⅢは，10℃では酸化作用を強く受け生育が異常になり，酸化作用を緩和することで生育は正常に戻ること(図1-8)もその例である。

2) 耐凍性

Hoshino et al.(2009)は，さまざまな雪腐病菌の生育中の菌そうを−20℃で1日間凍結した後，−1℃における菌糸の伸長を比較した(表2-7)。紅色雪腐病菌，マメ科牧草菌核病菌などの条件的雪腐病菌や絶対的雪腐病菌のなかでも褐色雪腐病菌(*Pythium iwayamai*)，双子葉植物雪腐病菌(*Sclerotinia nivalis*)，およびスッポヌケ病菌は−20℃の凍結に耐えられず，凍結処理後−1℃に戻してもほとんど再生しなかった。絶対的雪腐病菌のなかで，凍結に耐えたのは暗色雪腐病菌，雪腐大粒菌核病菌，雪腐褐色小粒菌核病菌，雪腐黒色小粒菌核病菌であった。このように雪腐病菌によって耐凍性に違いがあることは明白である。それぞれの菌は異なった生存戦略を持ち，生育環境の違いはそ

表2-7　さまざまな雪腐病菌の凍結耐性[1)]

雪腐病菌	菌糸生育(mm/月)	
	凍結処理[2)]	凍結無処理[3)]
卵菌類		
褐色雪腐病菌(*Pythium iwayamai*)	0.0	15.2
子のう菌類		
紅色雪腐病菌(*Microdochium nivale* var. *nivale*)	0.0	7.2
暗色雪腐病菌(*Racodium therryanum*)	17.5	14.5
雪腐大粒菌核病菌(*Sclerotinia borealis*)	13.2	20.4
双子葉植物雪腐病菌(*S. nivalis*)	0.2	8.2
マメ科牧草菌核病菌(*S. trifoliorum*)	0.1	12.8
担子菌類		
雪腐褐色小粒菌核病菌(*Typhula incarnata*)	7.5	28.3
雪腐黒色小粒菌核病菌(*T. ishikariensis*)生物型A	18.0	36.9
雪腐黒色小粒菌核病菌(*T. ishikariensis*)生物型B	11.9	15.5
スッポヌケ病菌(*Athelia* sp.)	0.0	36.9

1) Hoshino et al.(2009)を改変

2) PDA10℃で前培養した培養菌を−20℃で1日間凍結した後，−1℃に戻して凍結処理後のコロニーの生育を調べた。

3) 凍結処理せず，−1℃で培養したので，PDAは凍っていない。

れぞれの菌の耐凍性の程度やメカニズムの違いに反映されている。

植物がしばしば凍害の被害を受けるノルウェー北部の沿岸では(Årsvoll, 1973)，雪腐黒色小粒菌核病菌グループⅢが分布している(Matsumoto et al., 1996a)。Hoshino et al.(1998)は，ノルウェーの雪腐黒色小粒菌核病菌グループⅠとⅢに属す菌株の耐凍性を比較した。菌そうを1時間に20°Cの割合で－40°Cまで凍結して，16時間かけ2°Cまで温度を上げ融解した後，それぞれの生育適温(10°Cおよび2°C)に戻し，再生程度を比較した。その結果，グループⅠ菌株の生育は遅くなったが，グループⅢ菌株は凍結の影響を受けなかった。また，グループⅢ菌株の菌そうの凍結温度は－9.8～－6.1°Cと低く，細胞中に含まれる不凍蛋白の量もグループⅠ菌株よりも多かった。積雪が少なく，土壌凍結深が3mにまで達するシベリア・ノボシビリスクにもグループⅢ菌株は存在し，同様の耐凍性を示す(Hoshino et al., 2001)。このような雪腐黒色小粒菌核病菌グループⅢの性質は，土壌の凍結と融解を繰り返す北大西洋北部の沿岸地方や土壌凍結の著しい大陸内部などの生息場所における特有の気象条件への適応を反映している(Hoshino et al., 2008)。

3) 耐凍性メカニズム

(1) 不凍蛋白

もっとも一般的な耐凍性メカニズムは不凍蛋白産生による氷晶の成長抑制である。氷晶は細胞内で成長すると細胞を破壊する。菌類も不凍蛋白を産生する(Duman and Olsen, 1993)。水の凍結・融解温度は0°Cである。このような蛋白質は熱ヒステリシス活性を示し，氷の融解温度は0°Cのままで，水の凍結温度を低下させる作用を持っている。不凍蛋白は培養温度の低下に反応して合成される(Newsted et al., 1994)。雪腐病菌においては，担子菌に属す*Coprinus psychromorbidus*(＝LTB)と*Typhula* spp.(雪腐褐色小粒菌核病菌，雪腐黒色小粒菌核病菌，および*T. phacorrhiza*)は不凍蛋白を産生するが，子のう菌の紅色雪腐病菌や雪腐大粒菌核病菌と卵菌類の褐色雪腐病菌からは発見されていない(Snider et al., 2000; Hoshino et al., 2003c)。細胞の内外に産生される不凍蛋白は，細胞を凍結死から守り，氷点下における雪腐病菌の活動を可能にしているが，発病には直接的には関与しないと考えられる。また糸状菌は，細胞外に酵素を産生し植物体から栄養を摂取するので，水分が凍ると問題になる。したがって，不凍蛋白は菌が栄養摂取する場面においても機能していると思われる（Snider et al., 2000）。このような不凍蛋白は単に細胞外に分泌されるだけでは効果を十分に発揮することはできない。おそらく雪腐小粒菌核病菌では細胞外に分泌された多糖類中に取り込まれることで，不凍蛋白は効果を発揮すると考えられる（Hoshino et al., 2009）。不凍蛋白は，菌類だけでなくほかの生物においても普遍的に存在するが（Duman et al., 1993），菌類の不凍蛋白存在下で氷晶は「石器時代のナイフ」のような独自の成長パターンを示す（Hoshino et al., 2003b）。遺伝子の解析から，少なくとも雪腐黒色小粒菌核病菌の不凍蛋白は新規なものであると考えられている（Hoshino et al., 2003c）。

(2)　好高浸透圧

子のう菌に属す雪腐大粒菌核病菌は，雪腐小粒菌核病菌など担子菌の雪腐病菌とは異なった様式で凍結に耐える。すなわち，雪腐大粒菌核病菌では細胞質の浸透圧を高めて凍結に耐えていると考えられる。冨山（1955）は，凍結した培地における雪腐大粒菌核病菌が，同じ温度で凍結していない培地で培養した場合よりも早く生育することを観察している。Hoshino et al.（2010）は，より厳密な実験条件下でこの現象を再確認し，凍結による菌糸生育の向上は培地の浸透圧が高まることに起因することを証明した（表 2-8）。すなわち，凍結した培地で−1℃で培養すると，雪腐大粒菌核病菌の菌糸生育は 2 倍近く促進されたが，褐色雪腐病菌，紅色雪腐病菌ほかの生育はほぼ停止し，同じように凍結耐性を示す雪腐黒色小粒菌核病菌などにおいても，生育速度は低下した。また，ソルビトールや KCl の添加により培地の浸透圧を高めることで，雪腐大粒菌核病菌の菌糸伸長は促進され，さらに生育適温範囲も変化した。すなわち，PDA における培養適温は 5℃であったが，0.2〜0.3 M のソルビトールを添加することで 10℃になった。このように，雪腐大粒菌核病菌の菌糸伸長に関する潜在能力は，通常の培養条件では評価されない。雪腐病菌はそれぞれの環境において生物的，非生物的要因と妥協しながら生きながらえているのである。

表 2-8 凍結した培地における各種雪腐病菌の菌糸生育[1)]

	凍結	対照区
卵菌類		
褐色雪腐病菌(*Pythium iwayamai*)	0.0	15.2
子のう菌類		
紅色雪腐病菌(*Microdochium nivale* var. *nivale*)[2)]	0.0	9.9
暗色雪腐病菌(*Racodium therryanum*)	14.5	17.5
雪腐大粒菌核病菌(*Sclerotinia borealis*)[3)]	30.0	17.3
双子葉植物雪腐病菌(*S. nivalis*)	0.2	9.2
マメ科牧草菌核病菌(*S. trifoliorum*)	0.1	12.8
担子菌類		
雪腐褐色小粒菌核病菌(*Typhula incarnata*)[2)]	8.0	26.9
雪腐黒色小粒菌核病菌(*T. ishikariensis*)生物型 A	18.0	36.9
雪腐黒色小粒菌核病菌(*T. ishikariensis*)生物型 B	11.9	15.5
雪腐黒色小粒菌核病菌(*T. ishikariensis*)グループIII[3)]	19.0	32.7
スッポヌケ病菌(*Athelia* sp.)	0.0	36.9

[1)] Hoshino et al.(2010)を改変。予め PDA を−20°Cで凍結した後，菌を接種して−1°Cで培養。数字は mm/月
[2)] 2 菌株供試
[3)] 5 菌株供試

このように雪腐大粒菌核病菌は，雪腐黒色小粒菌核病菌などの担子菌における耐凍性メカニズムとは異なり，浸透圧ストレスに耐え細胞内の浸透圧を高めることで細胞質を凍らせないようにしている。また，本菌の好高浸透圧性は，ハードニングされたチモシーなどのイネ科牧草が貯蔵養分を蓄えることで，細胞質を高張に保ち，紅色雪腐病や雪腐黒色小粒菌核病に対する抵抗性を高める(Tronsmo, 1986)一方で，雪腐大粒菌核病菌のみがこのような植物組織を利用することを可能にしている。永久凍土中の細菌も，同様に浸透圧ストレスに耐性で，凍土中に存在する不凍水のなかで濃縮された溶質を利用しながら，−20°Cにおいても増殖できると考えられている(Rivkina et al., 2000)。

(3) 脂 肪 酸

紅色雪腐病菌は，本質的に夏に活動する病原菌で特別な耐凍性機構を持っていない。それでも脂肪酸組成の質的・量的な変化により，低温に適応することができる(Istokovics et al., 1998)。培養温度を 25°Cから 10°Cに下げると，

不飽和脂肪酸のなかでもリノレン酸(18：3)含量が増加し，リノール酸(18：2)やオレイン酸(18：1)は減少した。この変化は生体膜の流動性を保つために機能していると考えられる。培養温度をさらに 4℃にまで下げると，菌体重は減少したが，脂肪酸組成に変化は見られなかった。一方，中性脂質の主要成分であるトリアシルグリセロールの蓄積割合は増加した。トリアシルグリセロールは貯蔵物質として利用されると推定される。すなわち，紅色雪腐病菌は，0℃に近い低温においては低温に対する適応として不飽和脂肪酸を増加させるのではなく，脂質を蓄積する方向に代謝系をシフトしていると考えられるので，十分な耐凍性を発揮することはできない。

紅色雪腐病菌は細胞外にセルロース(Schweiger-Hufnagel et al., 2000)やフルクタン(Cairns et al., 1995)を分泌するが不凍蛋白は産生しないので，その役割は明確でない。これらは，おそらく植物の抗菌性ペプタイドに結合して無効にする作用があると考えられる(今井亮三，私信)。

(4)　生きた植物組織内での生存

褐色雪腐病菌の属す卵菌類については，あまり耐凍性に関する研究はなされていない。褐色雪腐病は本州の水田転換畑などで問題になることもあるが(高松，1989)，グリーンランド(Hoshino et al., 2006b)，スバルバール(Hoshino et al., 1999)，および南極(Bridge et al., 2008)のコケからは，*Pythum polare* が分離されている(Tojo et al., 2012)。このような地域では，凍結の問題は特に重要と思われる。北極圏スバルバールの *P. ultimum* var. *ultimum* は，菌糸の状態で 0〜5℃の低温に耐え生育することができるが(Hoshino et al., 2002)，−20℃の凍結処理に *P. iwayamai* の菌そうは耐えられない(表 2-7，Hoshino et al., 2009)。

永久凍土のなかの糸状菌は，植物組織などを天然の凍結保護剤として利用し(Ozerskaya et al., 2009)，また古代の凍った土壌中の植物種子は特別な生息場所となって微生物の生存に役立っている(Stakhov et al., 2008)。Hoshino et al.(2013)は *Pythium iwayamai* と *P. polare* を使って，この現象を初めて実験的に明らかにした。−20℃と 2℃の凍結融解処理を 2 回繰り返すと，これらの菌糸や hyphal swelling は死滅した。しかし，接種によりベントグラス組織内に菌が感染している場合，これらの菌は凍結処理に耐え生存した。凍結はまた，*Pythium* の耐久体である卵胞子や hyphal swelling の多くを死滅させる一方で，生き残ったものは活性化され，発芽しやすくなる（東條元昭，私信）。*Pythium* 属菌の菌糸は凍結に耐えられないが，凍結に耐えた一部の耐久体が休眠から覚醒し，融雪水が植物を覆うようになると遊走子を放出し，急速に蔓延すると考えられる。すなわち，*Pythium* 属菌は凍結温度を活動再開のシグナルとして利用しているのであろう。

［引用文献］

Årsvoll K (1973) Winter damage in Norwegian grasslands, 1968-1971. Meld. Norg. LandbrHøgsk. 52 (3) 21pp.

Årsvoll K (1976) Mutual antagonism between isolates of *Typhula ishikariensis* and *Typhula incarnata*. Meld. Norg. LandbrHøgsk. 54(9) 49pp.

Bridge PD, Newsham KK and Denton GJ (2008) Snow mould caused by a *Pythium* sp.: a potential vascular plant pathogen in the maritime Antarctic. Plant Pathology 57: 1066-1072.

Buller AHR (1931) Social organization in *Coprinus sterquilinus* and other fungi. *In* Researches on Fungi IV. Longmans, Green and Co., London, pp. 139-186.

Cairns AJ, Howarth CJ and Pollock CJ (1995) Submerged batch culture of the psychrophile *Monographella nivalis* in a defined medium; growth, carbohydrate utilization and response to temperature. New Phytol. 129: 299-308.

Christen AA (1979) Formation of secondary sclerotia in sporophores of species of *Typhula*. Mycologia 71: 1267-1269.

Cook RJ (1981) Fusarium diseases of wheat and other small grains in North America. *In* eds. Nelson PE, Toussoun TA and Cooke RJ, Fusarium Diseases, Biology, and Taxonomy. Pennsylvania State University Press, University Park. pp. 39-52.

Coulson SJ, Hodkinson ID, Strathdee AT, Block W, Webb NR, Bale JS and Worland MR (1995) Thermal environments of Arctic soil organisms duringwinter. Arc. Alp. Res. 27: 364-370.

Dejardin RA and Ward EWB (1971) Growth and respiration of psychrophilic species of the genus *Typhula*. Can. J. Bot. 49: 339-347.

Detiffe H and Maraite H (1985) Influence des conditions météorologiques sur la germination des sclérotes de *Typhula incarnata* Lasch ex Fries au champ. Parasitica 41: 79-90.

Duman JA and Olsen TM (1993) Thermal hysteresis protein activity in bacteria, fungi, and phylogenetically diverse plants. Cryobiology 30: 322-328.

Duman JA, Wu DW, Olsen TM, Urrutia M and Tursman D (1993) Thermal hysteresis protein. *In* ed. Steponkus PL, Advances in Low-temperature Biology. Vol 2. JAi

Press, London. pp. 131-182.
Gudleifsson, B. E. (2013) Climatic and physiological background of ice encasement damage of herbage plants. *In* eds. Imai R, Yoshida M, and Matsumoto N, Plant and Microbe Adaptations to Cold in a Changing World. Springer, New York (in press). ISBN 978-1-4614-8252-9
Hindorf H (1980) Bedeutung der sporophoren von *Typhula incarnta* Lasch ex Fr. für die ausbreitung der wintergersten-fäule. Med. Fac. Landbouww. Rijksuniv. Gent 45: 121-127.
本藏良三(1991)仙台平野における雪腐黒色小粒菌核病菌による麦類立枯症状の発生生態と防除. 宮城農セ報 57：35-50.
Honkura R, Matsumoto N and Inoue T (1986) *Typhula ishikariensis* biotype C, a snow mold fungus, can complete its life cycle without snow cover. Tran. Mycol. Soc. Japan 27: 207-210.
Hodkinson ID and Wookey PA (1999) Functional ecology of soil organisms in tundra ecosystems: towards the future. Appl. Soil Ecol. 11: 111-126.
星野保(1997)低温微生物の利用とその可能性. 北農 64：383-385.
Hoshino T, Ohgiya S, Shimanuki T and Ishizaki K (1996) Production of low temperature active lipase from the pink snow mold, *Microdochium nivale* (syn. *Fusarium nivale*). Biotech. Letters 18: 509-510.
Hoshino T, Tronsmo AM, Matsumoto N, Araki T, Georges F, Goda T, Ohgiya S and Ishizaki K (1998) Freezing resistance among isolates of a psychrophilic fungus, *Typhula ishikariensis*, from Norway. Proc. NiPR Symp. Polar Biol. 11: 112-118.
Hoshino T, Tojo M, Okada G, Kanda H, Ohgiya S and Ishizaki K (1999) A filamentous fungus, *Pythium ultimum* Trow var. *ultimum*, isolated from moribund moss colonies from Svalbard, northern islands of Norway. Polar Biosci. 12: 68-75.
Hoshino T, Tkachenko OB, Tronsmo AM, Kawakami A, Morita N, Ohgiya S, Ishizaki K and Matsumoto N (2001) Temperature sensitivity and freezing resistance among isolates of *Typhula ishikariensis* from Russia. Icel. Agr. Sci. 14: 61-65.
Hoshino T, Tojo M, Kanda H, Herroro ML, Tronsmo AM, Kiriaki M, Yokota Y and Yumoto I (2002) Chilling resistance of isolates of *Pythium ultimum* var. *ultimum* from the arctic and temperate zones. CryoLetters 23: 151-156.
Hoshino T, Saito I and Tronsmo AM (2003a) Two new snow mold fungi from Svalbard. Lidia 6: 30-32.
Hoshino T, Kiriaki M and Nakajima T (2003b) Novel thermal hysteresis proteins from low temperature basidiomycete, *Coprinus phychromorbidus*. CryoLetters 24: 135-142.
Hoshino T, Kiriaki M, Ohgiya S, Fujiwara M, Kondo H, Nishimiya Y, Yukoto I and Tsuda S (2003c) Antifreeze proteins from snow mold fungi. Can. J. Bot. 81: 1175-1181.
Hoshino T, Prończuk M, Kiriaki M and Yumoto I (2004a) Effect of temperature on the production of sclerotia by the psychrophilic fungus *Typhula incarnata* in Poland. Czech Mycol. 56: 1-2.
HoshinoT, Kiriaki M, Yumoto I and Kawakami A (2004b) Genetic and biological characteristics of *Typhula ishikariensis* from northern Iceland. Acta Bot. Isl. 14: 59-

70.
星野保・オレグ B. トカチェンコ・川上顕・藤原峰子・松本直幸(2004)北海道―サハリンに分布する雪腐黒色小粒菌核病菌クローンの年齢は一万年歳以上である. 日植病報 70：232.

Hoshino T, Saito I, Yumoto I and Tronsmo AM (2006a) New findings of snow mold fungi from Greenland. *In* eds. Boertmann D and Knudsen H, Arctic and Alpine Mycology 6. Meddelelser om Grønland, Bioscience 56: 89-94.

Hoshino T, Tojo M and Yumoto I (2006b) Blight of moss caused by *Pythium* sp. in Greenland. *In* eds. Boertmann D and Knudsen H, Arctic and Alpine Mycology 6. Meddelelser om Grønland, Bioscience 56: 95-98.

Hoshino T, Tronsmo AM and Yumoto I (2008) Snow mold fungus, *Typhula ishikariensis* group III, in Arctic Norway can grow at a sub-lethal temperature after freezing stress and during flooding. Sommerfeltia 31: 125-131.

Hoshino T, Xiao N and Tkachenko OB (2009) Cold adaptation in phytopathogenic fungi causing snow molds. Mycoscience 50: 26-38.

Hoshino T, Terami F, Tkachenko OB, Tojo M and Matsumoto N (2010) Mycelial growth of the snow mold fungus, *Sclerotinia borealis* improved at low water potentials: an adaptation to frozen environment. Mycoscience 51: 98-102.

Hoshino T, Xiao N, Yajima Y, Kida K, Tokura K, Murakami R, Tojo M and Matsumoto N (2013) Ecological strategies of snow molds to tolerate freezing stress. *In* eds. Imai R, Yoshida M, and Matsumoto N, Plant and Microbe Adaptations to Cold in a Changing World. Springer, New York (in press). ISBN 978-1-4614-8252-9

Imai S (1937) On the causal fungus of the Typhula-blight of gramineous plants. Japan. J. Bot. 8: 5-18.

Inglis GD, Popp AP, Selinger LB, Kawchuk LM, Gaudet DA and McAllister TA (2000) Production of cellulases and xylanases by low temperature basidiomycetes. Can. J. Microbiol. 46: 860-865.

Istokovics A, Morita N, izumi K, Hoshino T, Yumoto I, Sawada MT, Ishizaki K and Okuyama H (1998) Neutral lipids, phospholipids, and a betaine lipid of the snow mold fungus *Microdochium nivale*. Can. J. Microbiol. 44: 1051-1059.

Jacobs DL and Bruehl GW (1986) Occurrence of *Typhula* species and observations on numbers of sclerotia in soil in winter wheat fields in Washington and Idaho. Phytopathology 76: 278-282.

Kawakami A, Matsumoto N and Naito S (2004) Environmental factors influencing sporocarp formation in *Typhula ishikariensis*. J. Gen. Plant Pathol. 70: 1-6.

Lebeau JB (1975) Antagonism between isolates of a snow mold pathogen. Phytopathology 65: 877-880.

Lebeau JB and Logsdon CE (1958) Snow mold of forage crops in Alaska and Yukon. Phytopathology 48: 148-150.

Mäkelä K (1981) Winter damage and low-temperature fungi on leys in north Finland in 1976-1979. Ann. Agric. Fenn. 20: 102-131.

Maraite H, Kint M, Monfort J and Meyer JA (1981) Germination des sclerotes, vitesse de croissance et optimum thermique d'isolats Belges et etrangers de *Typhula incarnata* Lasch ex Fries. Med. Fac. Landbouww. Rijiksuniv. Gent 46: 831-840.

Matsumoto N (1994) Ecological adaptations of low temperature plant pathogenic fungi to diverse winter climates. Can. J. Plant Pathol. 16: 237-240.

松本直幸(2005)多様な冬期気象条件に対する雪腐小粒菌核病の適応. 日本微生物生態学会誌 20：13-19.

Matsumoto N and Araki T (1982) Field observation of snow mold pathogens of grasses under snow cover in Sapporo. Res. Bull. Hokkaido Natl. Agric. Exp. Stn. 135: 1-10.

Matsumoto N and Sato T (1983) Niche separation in the pathogenic species of *Typhula*. Ann. Phytopath. Soc. Japan 49: 293-298.

Matsumoto N and Tajimi A (1983) Intra- and intertaxon interactions among dikaryons of *Typhula incarnata* and *T. ishikariensis* biotypes A, B, and C. Trans. Mycol. Soc. Japan 24: 459-465.

Matsumoto N and Tajimi A (1985) Field survival of sclerotia of *Typhula incarnata* and of *T. ishikariensis* biotype A. Can. J. Bot. 63: 1126-1128.

Matsumoto N and Tajimi A (1988) Life-histroy strategy in *Typhula incarnata* and *T. ishikariensis* biotypes A, B, and C as determined by sclerotium production. Can. J. Bot. 66: 2485-2490.

Matsumoto N and Tajimi A (1989) Incompatibility alleles in populations of *Typhula incarnata* and *T. ishikariensis* biotype B in an undisturbed habitat. Trans. Mycol. Soc. Japan 30: 373-376.

Matsumoto N and Tajimi A (1990) Continuous variation within isolates of *Typhula ishikariensis* biotypes B and C associated with habitat differences. Can. J. Bot. 68: 1768-1773.

Matsumoto N and Tajimi A (1991) *Typhula ishikariensis* biotypes B and C, a single biological species. Trans. Mycol. Soc. Japan 32: 273-281.

Matsumoto N and Tajimi A (1993a) Interfertility in *Typhula ishikariensis* biotype A. Trans. Mycol Soc. Japan 34: 209-213.

Matsumoto N and Tajimi A (1993b) Effect of cropping history on the population structure of *Typhula incarnata* and *Typhula ishikariensis*. Can. J. Bot. 71: 1434-1440.

Matsumoto N and Hoshino T (2013) Change in snow mold flora in eastern Hokkaido and its impact on agriculture. *In* eds. Imai R, Yoshida M, and Matsumoto N, Plant and Microbe Adaptations to Cold in a Changing World. Springer, New York (in press). ISBN 978-1-4614-8252-9

Matsumoto N, Sato T and Araki T (1982) Biotype differentiation in the *Typhula ishikariensis* complex and their allopatry in Hokkaido. Ann. Phytopath. Soc. Japan 48: 275-280.

Matsumoto N, Abe J and Shimanuki T (1995) Variation within isolates of *Typhula incarnata* from localities differing in winter climate. Mycoscience 36: 155-158.

Matsumoto N, Tronsmo AM and Shimanuki T (1996a) Genetic and biological characteristics of *Typhula ishikariensis* from Norway. Eur. J. Plant Pathol. 102: 431-439.

Matsumoto N, Uchiyama K and Tsushima S (1996b) Genets of *Typhula ishikariensis* biotype A belonging to a vegetative compatibility group. Can. J. Bot. 74: 1695-1700.

Matsumoto N, Kawakami A and Izutsu S (2000) Distribution of *Typhula ishikariensis* biotype A isolates belonging to a predominant mycelia compatibility group. J. Gen.

Plant Pathol. 66: 103-108.
McBeath, J. H. (1988) Sclerotia myceliogenic germination and pathogenicity of *Sclerotinia borealis*. 5th international Congress of Plant Pathology. p. 201.
中島隆・根本正康(1987)コムギ赤かび病と紅色雪腐病の関係. 東北農業研究 40：119-120.
Newsted WJ and Huner NPA (1988) Major sclerotial polypeptides of psychrophilic pathogenic fungi: intracellular and antigenic relatedness. Protoplasma 147: 162-169.
Newsted Wj, Polvi S, Papish B, Kendall E, Saleem M, Koch M, Hussain A, Culter AJ and Georges F (1994) A low molecular weight peptide from snow mold with epitopic homology to the winter flounder antifreeze protein. Can. J. Bot. 72: 152-156.
小野有五(1990)北の陸橋. 第4紀研究 29：183-192.
Ozerskaya S, Kochkina G, Ivanushkina, N and Gilichinsky DA (2009) Fungi in Permafrost. *In* ed. Margesin R, Permafrost Soils, Soil Biology 16. pp. 85-95. Springer-Verlag, Berlin.
Rivkina EM, Friedmann Ei, McKay CP and Gilichinsky DA (2000) Metabolic activity of permafrost bacteria below the freezing point. Appl. Environ. Microbiol. 66: 3230-3233.
Robinson CH (2001) Cold adaptation in Arctic and Antarctic fungi. New Phytologist 151: 341-353.
Saito I (2001) Snow mold fungi in the Sclerotiniaceae. *In* eds. Iriki N, Gaudet DA, Tronsmo AM, Matsumoto N, Yoshida M and Nishimune A, Low Temperature Plant Microbe interactions under Snow. pp. 37-48. Hokkaido Nat. Agric. Exp. Stn., Sapporo.
Schweiger-Hufnagel U, Ono T, Izumi K, Hufnagel P, Morita N, Kaga H, Morita M, Hoshino T, Yumoto I, Matsumoto N, Yoshida M, Sawada MT and Okuyama H (2000) Identification of the extracellular polysaccharide produced by snow mold fungus *Microdochium nivale*. Biotechnol. Lett. 22: 183-187.
Smith JD (1987) Winter-hardiness and overwintering diseases of amenity turfgrasses with special reference to the Canadian Prairies. Agriculture Canada Tech. Bull. 1987-12E 193pp.
清水基滋・宮島邦之(1990)秋播コムギのスッポヌケ症(仮称)について. 日植病報 56：141-142.
Snider CS, Hsiang T, Zhao G and Griffith M (2000) Role of ice nucleation and antifreeze activities in pathogenesis and growth of snow molds. Phyotopathology 90: 354-361.
Stakhov VL, Gubin SV, Maksimovich SV, Rebrikov DV, Savilova AM, Kochkina GA, Ozerskaya SM, Ivanushkina NE and Vorobyva EA (2008) Microbial communities of ancient seeds derived from permanently frozen Pleistocene deposits. Mikrobiologia 77: 348-355.
鈴木穂積・荒井治喜(1990)オオムギ雲形病の発生生態と防除. 植物防疫 44：214-219.
高松進(1989)麦類雪腐病―とくに褐色雪腐病の発生生態に関する研究. 福井農試特別報告 9：1-135.
Takamatsu S (1989a) Distribution of Pythium snow rot fungi in paddy fields and upland fields. JARQ 23: 100-108.
Takamatsu S (1989b) A new snow mold of wheat and barley caused by foot rot fungus,

Ceratobasidium gramineum. Ann. Phytopath. Soc. Japan 55: 233-237.

Takenaka S and Arai M (1993) Dynamics of three snow mold pathogens *Pythium paddicum*, *Pythium iwayamai*, and *Typhula incarnata* in barley plant tissues. Can. J. Bot. 71: 757-763.

田杉平司(1936)麦類雪腐病に就いて. 日植病報 6：155-156.

Takeuchi K, Ikuma T, Sagisaka K, Saito I and Takasawa T (2002) Cold adaptation of polygalacturonase activity from the culture of the psychrophilic snow mold *Sclerotinia borealis*. Res. Bull. Obihiro Univ. 24: 7-13.

Tkachenko OB (1995) Adaptation of the fungus *Typhula ishikariensis* Imai to the soil inhabitance. Mycol. Phytopathol. 29: 14-19. (in Russian with English summary)

Tkachenko OB (2013) Snow mold fungi in Russia. *In* eds. Imai R, Yoshida M, and Matsumoto N, Plant and Microbe Adaptations to Cold in a Changing World: Proceedings of the Plant and Microbe Adaptation to Cold Conference 2012. Springer, New York (in press).

Todd NK and Rayner ADM (1980) Fungal individualism. Sci. Prog. Oxf. 66: 331-354.

Tojo M, Van West P, Hoshino T, Kida K, Fujii H, Hakoda H, Kawaguchi Y, Mühlhause HA, Van den Berg AH, Küpper FC, Herrero ML, Kemsdal SS, Tronsmo AM and Kanda H (2012) *Pythium polare*, a new heterothallic oomycete causing brown discoloration of *Sanionia uncinata* in the Arctic and Antarctic. Fungal Biol. 116: 756-768.

冨山宏平(1955)麦類雪腐病に関する研究. 北海道農試報告 47, 234頁.

Tränkner A and Hindorf H (1982) Beitrage zur morphologie der sporophoren von *Typhula incarnata* Lasch ex. Fr. Med. Fac. Landbouww. Rijksuniv. Gent, 47: 847-853.

Tronsmo AM (1986) Host water potential may restrict development of snow mould fungi in low temperature-hardened grasses. Physiol. Plantarum 68: 175-179.

Willetts HJ, Bullock S, Begg E and Matsumoto N (1990) The structure and histochemistry of sclerotia of *Typhula incarnata*. Can. J. Bot. 68: 2083-2091.

第3章　各　　論

雪腐黒色小粒菌核病菌(上)，雪腐大粒菌核病菌(下：斉藤泉博士提供)の菌核。融雪直後の菌核を採集すれば菌の分離は簡単なので，菌株の収集は容易である。

雪腐病菌は分類学的に多様な菌類の総称で，特定の菌群が雪腐病を起こすわけではない。罹病組織に残された菌の形態観察により得られる情報(分類学的特徴)は限られており，病原菌が活動している積雪下の状況を直接観察することはできないので，何をしているか(生態的特徴)を知ることも一見困難であるように思える。しかし一方で雪腐病菌は積雪に大きく依存しているので，生息場所の積雪条件を調べることでその生態を特徴付けることができる。雪腐病菌は積雪条件に大きく影響されるため地域ごとの変異が大きく，その類別について，以前はかなりの混乱があったが，近年では交配による遺伝的相互関係や分子生物学的情報に基づき整理されてきた。本章では，個々の雪腐病菌の外見がどのようであるか(分類学的特徴)を羅列することはできるだけ控え，それぞれの菌が何をしているか(生態的特徴)に重きをなした。

雪腐病の場合，病原菌が活動している積雪下の状況を直接観察することはできないので，何をしているか(生態的特徴)を知ることは一見困難であるように思える。融雪後，病原菌は菌核などの耐久体のかたちで休眠することが多いので，罹病組織に残された菌の形態観察により得られる情報(分類学的特徴)も限られている。しかし一方で雪腐病菌は積雪に大きく依存しているので，生息場所の積雪条件を調べることでその生態を特徴付けることができる。

雪腐病菌は積雪条件に大きく影響されるため地域ごとの変異が大きく，その類別について，以前はかなりの混乱があった(Remsberg, 1940b)。このような事実を背景に，McDonald(1961)は，カナダ牧草病害小委員会における勧告に基づいて，牧草の低温性糸状菌，特に *Typhula* 属と *Sclerotinia* 属の分類学的検討を文献調査により行った。*T. incarnata*(雪腐褐色小粒菌核病菌)と *S. borealis*(雪腐大粒菌核病菌)については一応の結論を得たが，雪腐黒色小粒菌核病菌に関しては，*T. ishikariensis* に先命権を認めたものの，世界各地の標本をさらに検討する必要があると結論した。しかし，標本や菌株を検討するだけでは，何をしているか，すなわち生態的特徴を知ることはかなわない。

本章では，個々の雪腐病菌の外見がどのようであるか(分類学的特徴)を羅列することはできるだけ控え，それぞれの菌が何をしているか(生態的特徴)に重きをなした。どのようであるかより，何をしているかの方が，今後の地球環境変化に基づく農業条件の変更に対し雪腐病がどのように関与するかを見通す上で重要であると考えるからである。

1. *Typhula* spp.

1) 交配不和合性因子

Typhula 属を含む担子菌は典型的な異系交配者(outbreeder)である。個々の系統は遺伝的な多様性を拡げようとする一方で，それぞれの遺伝的独自性を維持しようとして競争する(Todd and Rayner, 1980)。*Typhula* 属もその例外ではない。このような繁殖戦略は *Typhula* 属における個々の分類群の生態

とも大きく関わっているので，*Typhula* 属を含む多くの担子菌に共通な生殖様式についてまず説明する。

Typhula 属の菌糸細胞には，通常遺伝的にふたつの異なる半数体の核が含まれている(ダイカリオンあるいは二核体)。ふたつの核は担子器のなかで融合し，二倍体となり，減数分裂が行われる。その結果通常 4 個の担子胞子を生じ，これらにはひとつずつ遺伝的に異なる半数体核が含まれる(図 3-1)。このような担子胞子が発芽してモノカリオン(一核体)ができる。雪腐黒色小粒菌核病菌の担子胞子はほとんどが一核であるが，発芽の前に核の有糸分裂が起こる(Cunfer, 1974)。

担子菌における交配の成否はモノカリオンが二核化されるか否かで判定され，二核化後の核融合→二倍体化→減数分裂という有性生殖の過程は問われない。ダイカリオンが形成さえすれば，栄養繁殖により生存が保障されるからである。遺伝的に異なるモノカリオン同士が融合してダイカリオンを生じる(モン・モン交配)以外に，モノカリオンはダイカリオンから核をひとつ受け取ることでもダイカリオンになる(Buller, 1931，ダイ・モン交配，図 3-2)。モン・モン交配は交配不和合性因子の同定に(図 3-3)，ダイ・モン交配はモノ

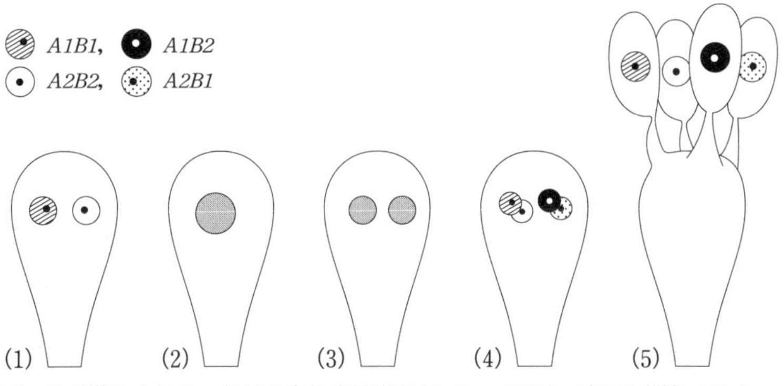

図 3-1　担子菌における一般的な有性生殖過程(Buller, 1931)。交配に関与するふたつの不和合性因子(*A*, *B*)の組換えの様子を示す。(1)ダイカリオン(二核体)菌糸内にあるふたつの半数体核(*A1B1* と *A2B2*)は担子器に移動し，(2)融合して二倍体(*A1A2B1B2*)になる。(3)有糸細胞分裂により，ふたつの二倍体核を生じる。(4)減数分裂により 4 つの半数体核(*A1B1*, *A1B2*, *A2B1*, および *A2B2*)ができる。(5)半数体の核はそれぞれ担子胞子に移動。

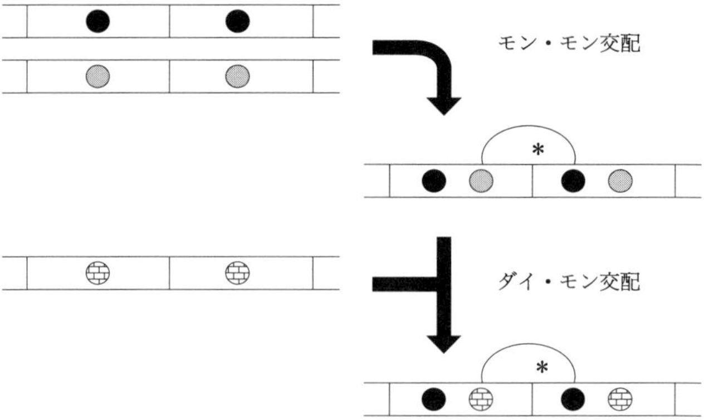

図 3-2　担子菌におけるふたつの交配法。モン・モン交配の結果遺伝的に異なる(交配に関与する不和合性因子を異にする)ふたつの半数体核がひとつの細胞に共存する。ダイ・モン交配の結果，モノカリオン(一核体)がダイカリオン(二核体)の一方の核を受容し，二核化する。ダイカリオンにはかすがい結合(＊)がある。

		A1B1		*A2B2*		*A1B2*				*A2B1*	
		1	2	5	9	4	7	8	10	3	6
A1B1	1	−	−	+	+	−	−	−	−	−	−
	2	−	−	+	+	−	−	−	−	−	−
A2B2	5	+	+	−	−	−	−	−	−	−	−
	9	+	+	−	−	−	−	−	−	−	−
A1B2	4	−	−	−	−	−	−	−	−	+	+
	7	−	−	−	−	−	−	−	−	+	+
	8	−	−	−	−	−	−	−	−	+	+
	10	−	−	−	−	−	−	−	−	+	+
A2B1	3	−	−	−	−	+	+	+	+	−	−
	6	−	−	−	−	+	+	+	+	−	−

図 3-3　モン・モン交配における二因子性の交配パターン　ひとつの子実体に由来する単担子胞子菌株を任意に 10 菌株選び総当たりで交配させると，4 つの交配パターンが得られる。＋はかすがい結合が見られる(ダイカリオン化した)ので，交配成立。－は交配不成立。このパターンは交配型に関与するふたつの不和合性因子 *A*，*B* を想定し，両者が共に異なる場合にのみ交配が成立するとみなせば説明される。

カリオンをテスターとして任意の菌株との遺伝的類縁性を調べる上で有用である(Tkachenko et al., 1997)。*Typhula* 属においては，Røed(1969)がモン・モン交配により *T. incarnata* とその関連する *T. graminum* および *T. itoana* の同種性を確認し，また Bruehl et al.(1975)はダイ・モン交配により *T. ishikariensis* と *T. idahoensis* の遺伝的隔絶を確認し，両者を別種として扱うことの根拠にした。

モン・モン交配において，双方の交配不和合性因子がひとつでも共通だと交配は成立しない。ひとつの子実体に由来する任意の単担子胞子菌株 10 菌株を選び総当たりで交配させると，これらの菌株は交配パターンにより 4 つのグループに分けることができる(図 3-3)。たとえば菌株 1 と 2 は *A1B1* という因子を持ち，*A2B2* を持つ菌株 5 と 9 とのみ交配するが，ほかの菌株とは *AB* いずれかの因子を共有するので，交配は起こらない。不和合性因子の共有は交配しようとする双方の菌が遺伝的背景を同じくしていることの証左である。雪腐黒色小粒菌核病菌では，わが国，フィンランド，および米国産の菌株間で共通の因子が複数検出されている(Bruehl and Machtmes, 1979)。

2) ニッチの分化

わが国においては，雪腐褐色小粒菌核病菌，雪腐黒色小粒菌核病菌生物型 A および B の 3 つの *Typhula* 属菌が存在しており，これらの分類群は互いに交配することはない。また，それらの分布を見るとそれぞれがニッチを確立し，明確な棲み分けが見られる。Matsumoto and Sato(1983)は 3 者の生態的特徴を明らかにし，ニッチの分化を説明した(図 3-4)。補光するか遮光するかで越冬性レベルを異にする秋播コムギに雪腐褐色小粒菌核病菌あるいは生物型 B を接種すると，補光した植物では前者の被害をほとんど受けなかったのに対し生物型 B はかなりの被害を与えた(表 3-1)。一方，遮光し越冬性が高まらなかった植物では，両方の雪腐病菌に甚大な被害を受けたことから，越冬性が低く抵抗性の弱い植物は雪腐病菌にとって利用しやすい資源と考えられた。次いで生物型 A を含めた 3 者の相互関係を調べたところ，オーチャードグラスに対する病原力(被害度)は生物型 B，A，および雪腐褐

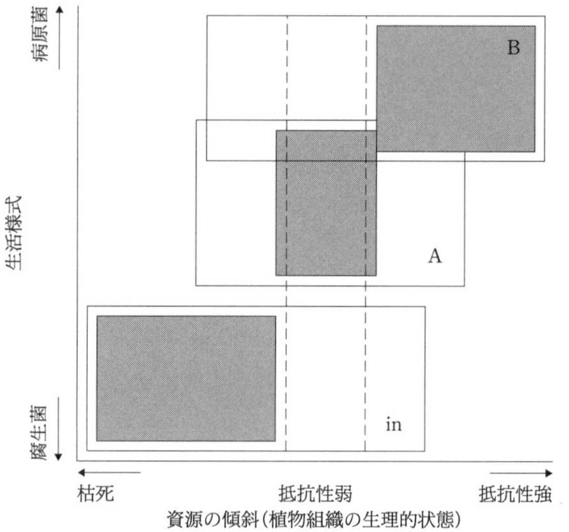

図 3-4 雪腐小粒菌核病菌におけるニッチの分化(Matsumoto and Sato, 1983 を改変)。in：雪腐褐色小粒菌核病菌，A：雪腐黒色小粒菌核病菌生物型 A，B：同生物型 B，[白枠]：本質的な生理的能力，[破線]：理想的な資源，[灰色]：実際のニッチ

表 3-1 2 種の雪腐小粒菌核病菌接種に対する越冬性を異にする秋播コムギの反応[1)]

	秋の生育条件[2)]	
植物の再生程度	補光[3)]	遮光[3)]
雪腐褐色小粒菌核病菌接種	84.1	16.3
雪腐黒色小粒菌核病菌生物型 B 接種	22.7	7.9
無接種対照区	74.2	61.5
LSD(1%)	20.8	29.1
植物の越冬性レベル[4)]		
葉鞘乾物率(%)	27.7	20.0
葉鞘下部 TNC(%)	27.1	10.5

1) Matsumoto and Sato(1983)より

2) 9 月初旬播種，11 月初旬半分の植物は人工光により補光，他方は日陰においた。

3) 12 月中旬接種，70 日間積雪下においた。数字は植物の再生程度を示す指数

4) TNC(Total Non-structural Carbohydrates)は貯蔵養分含量を示す。

色小粒菌核病菌の順番であるが，生物型Aの病原力や菌核形成はほかのふたつの菌の影響を受けず，雪腐褐色小粒菌核病菌接種による発病度は生物型Bの影響を受けなかった(表3-2)。また生物型Bはほかのふたつの菌の影響を受けた。以上をまとめると，分布域の広い雪腐褐色小粒菌核病菌の病原力は弱いが，枯死組織も利用でき腐生的な生活も可能である(Matsumoto and Sato, 1982)。雪腐黒色小粒菌核病菌生物型Aは多雪地帯にのみ存在し，その病原力は中程度であるが，越冬性(抵抗性)が低くどの菌にとっても利用しやすい植物を優占的に利用できる。生物型Bは比較的積雪の少ないところに分布し，強い病原力で越冬性の高い植物をも利用できる。

Chang et al.(2006)は，雪腐褐色小粒菌核病菌，雪腐黒色小粒菌核病菌および *T. phacorrhiza* の米国ウィスコンシン州のゴルフ場における分布と環境要因(年間積雪数や平均温度)を統計的に解析し，これらの菌のニッチが異なることを示した。

表3-2 3つの雪腐小粒菌核病菌を単独であるいは組み合わせて接種した場合の発病度と菌核形成[1)]

接種菌[2)]	発病度[3)]	菌核形成[4)]
生物型B	5.25	
生物型A	3.45	
生物型A+B	3.43	A 97.5/B 12.5
生物型A+in	3.33	A 100 /in 5.0
in+生物型B	1.6	B 80.0/in 36.5
in	1.18	
無接種対照区	0.00	

1) Matsumoto and Sato(1983)を改変
2) 生物型AおよびBは雪腐黒色小粒菌核病菌，inは雪腐褐色小粒菌核病菌
3) オーチャードグラスに接種。0=健全，6=枯死
4) 葉身，葉鞘ともに枯死した葉について，葉身にどちらの菌核が形成されていたかを頻度で表示した。

3）雪腐褐色小粒菌核病菌（*Typhula incarnata*）

⑴ 分類学上の問題

Olariaga et al.(2008)は，Berthier(1976)が指摘した *T. graminum* は分生子を形成するなどの *T. incarnata* との相違点を考慮し，従来 *T. incarnata* のシノニムと考えられていた *T. graminum* を別種とし，新たに *T. berthieri* という種名を提唱した。しかし，*T. incarnata* と *T. graminum* は交配実験により同種と考えたRøed(1969)の結果については言及していない。おそらく，Røed(1969)の使った菌株は *T. graminum* と誤って記載されたものと考えられる。

⑵ 生態的特徴

雪腐褐色小粒菌核病菌の分布は広く，本菌は，わが国では山口(Matsumoto et al., 1995)，徳島(田杉，1936)などの西南暖地にも，ヨーロッパではベルギー(Cavelier and Maroquin, 1978)，ドイツ(Hindorf, 1980a)やイギリス(Woodbridge and Coley-Smith, 1991)など標高が低くあまり雪の積もらない地域にも発生する。また，イラン北西部山岳地帯(Hoshino et al., 2007)からもその存在が報告されている。

このような分布の広さは，その生態的万能性による。雪腐褐色小粒菌核病菌は，病原菌としてだけではなく，腐生菌として枯葉などの植物遺体(図3-5)や牛糞も利用する(Matsumoto and Sato, 1982; Jacobs and Bruehl, 1986)。晩秋には子実体より担子胞子を飛散させ，遠く離れた植物にも感染する(Hindorf, 1980b; Matsumoto and Araki, 1982)。水田転換1年目のムギ類に本病が発生するのは，感染性のある担子胞子が空気伝染するためである。一方で空気伝染をしながら，土壌伝染もする。19 cmの深さの土壌に埋められても，菌核の64%は発芽し菌糸束を形成した(Detiffe et al., 1985)。積雪の少ない地帯では地下部のみが侵されることがあるので，罹病した植物は立枯症状を呈することがある。このような植物は引き抜くと根が侵されており，根にはしばしば菌核が付着している。また，冬期間イタリアンライグラスを栽培する山口では，植物の地上部が過繁茂になり，湿度が高まると，雪腐褐色小粒菌核病菌は葉腐症状の被害を与える(図3-6)。

図 3-5　シラカンバの落葉に腐生的に形成された雪腐褐色小粒菌核病菌の菌核(矢印)

図 3-6　雪腐褐色小粒菌核病菌によるイタリアンライグラスの葉腐症状。積雪がなくても，植物が過繁茂になり多湿条件が保たれたとき被害は生じる。

雪腐褐色小粒菌核病菌で特筆すべきことは，その有性世代である。本菌は比較的大型の子実体(図 3-7)をつくり，大量に形成された担子胞子は遺伝的多様性の拡張に貢献している(Bruehl and Matchmes, 1978)。長さ 50 m の圃場通路にそって雑草化したオーチャードグラスに発生した雪腐褐色小粒菌核病菌 23 個の子実体について，交配不和合性因子を同定したところ，32 の A 因子と 18 の B 因子が検出された(表 3-3，Matsumoto and Tajimi, 1989)。うち 4 つの A 因子は 3 つの子実体から，また別の 4 つの A 因子は 2 つの子実体から検出された。B 因子についてはより多くのものが複数回検出された。このことは，雪腐褐色小粒菌核病菌においては近隣の個体間の遺伝的交流が頻繁に行われていることを示す。

雪腐褐色小粒菌核病菌では，担子胞子が感染源となる機能的な有性生殖により新しい個体(ジェネット)が生じる。Cavelier(1986)は野外に接種しておい

図 3-7　雪腐褐色小粒菌核病菌の子実体。菌核からは大型でピンクの子実体が容易に形成される。

表 3-3 非農耕地における雪腐褐色小粒菌核病菌個体群の交配不和合性因子の多様性[1)]

		子実体番号																					
	0	3	4	5	6	8	11	13	15	16	18	19	29	34	38	39	40	41	43	44	45	46	48
A 因子	1	3	5	7	9	5	5	13	15	10	17	19	14	9	17	12	25	19	9	28	30	nd	12
	2	4	6	8	10	11	12	14	16	17	18	20	21	22	23	24	26	24	27	29	31	nd	32
B 因子	1	1	1	5	3	1	9	2	2	13	5	4	3	1	5	6	14	8	3	7	3	nd	3
	2	3	4	6	7	8	10	11	12	14	15	6	9	16	13	11	17	18	8	9	9	nd	18

[1)] Matsumoto and Tajimi (1989) より。おもにオーチャードグラスの生えた圃場沿いの通路より 90 cm 間隔で子実体を 1 個ずつ採取した。各子実体より因子の異なる 4 つの単担子胞子菌株を総当たりで交配し，不和合性因子を同定した。*A* 因子，*B* 因子は任意に決めた。nd：決定できず。

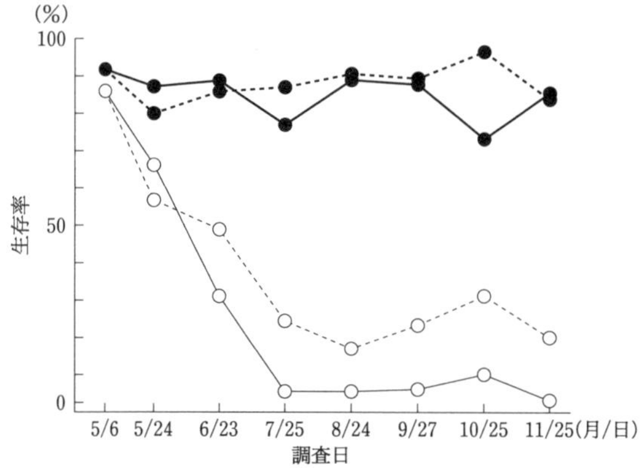

図 3-8 雪腐褐色小粒菌核病菌(○)と雪腐黒色小粒菌核病菌生物型 A(●)菌核の土壌表面(点線)および土壌中(実線)における生存率の推移(Matsumoto and Tajimi, 1985)

たモノカリオンが空気伝染してきた担子胞子によりダイカリオンを生じることを確認している。一方で，個体の死亡率が高いことが，菌核の生存パターンを調べることで明らかになった(図 3-8，Matsumoto and Tajimi, 1985)。野外における菌核の生存率を 5～11 月にわたって調べたところ，7 月下旬には土壌表面においたもので生存率は 24.2%，深さ 1 cm の土壌中に埋めたものでは 5.0%であった。生存率は，その後さらに低下することはなかった。菌核からはさまざまな菌寄生菌が分離され(図 3-9)，これらが菌核の死亡原因に

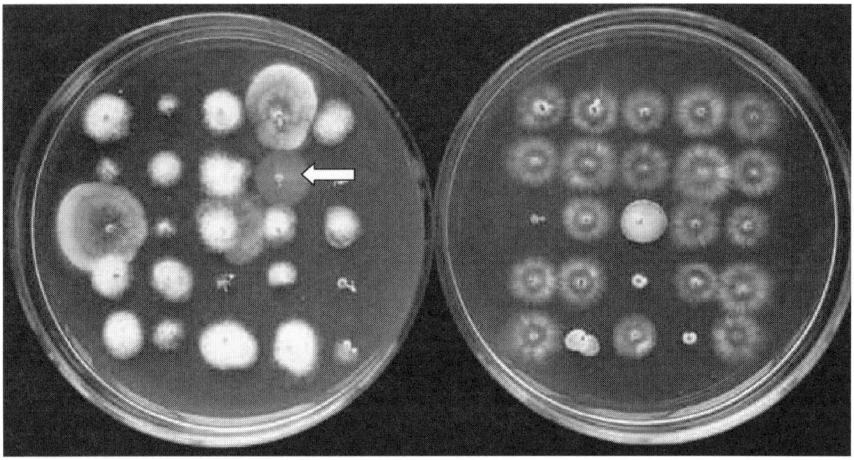

図 3-9　雪腐小粒菌核病菌菌核の休眠中における生存。雪腐褐色小粒菌核病菌(左)では1個の菌核のみが生き残り(多死)菌糸を生育させたが(矢印)，雪腐黒色小粒菌核病菌生物型Aではほとんどの菌核が生き残った(少死，右)。

なっていることが，実験的にも明らかになった。

雪腐褐色小粒菌核病菌は，典型的な多産多死の戦略を持った可塑性の高い菌である。その可塑性は生態的万能性によりもたらされ，新しい生息場所を開拓する上で有用である。また，多産多死の戦略は世代間隔を縮め，新しい環境に適応した遺伝子型を残すために機能していると考えられる。Vergara et al.(2004)は，米国北部の40か所より集めた菌株間の遺伝的類縁関係を解析し，共通の祖先から派生した後代が最近になって3つの地域個体群として定着したことを示唆した。世界中の雪腐褐色小粒菌核病菌は，交配不和合性因子システムを共有しており，生殖的に隔離された集団は現在まで見つかっていない(Røed, 1969; Bruehl and Machtms, 1978)。おそらく，生態的万能性が菌群の分化を妨げているのだろう。このことは，特殊化へと向かった雪腐黒色小粒菌核病菌とは対照的である。ただ積雪の予測性に関しては，菌核の発芽しやすさを地域個体群で異にする(Matsumoto et al., 1995)ことは前章で触れたとおりである。

4) 雪腐黒色小粒菌核病菌（*Typhula ishikariensis*）

(1) 分類学上の問題

雪腐黒色小粒菌核病菌は変異が大きく，系統立った比較研究がなされずに個々の研究者がそれぞれに独自の学名を付けたため，長い間分類学的に収拾がつかず混乱した。Remsberg（1940a）が *T. idahoensis* を記載する際に，Imai（1930）の記載を見落としていたことが，*T. ishikariensis* 複合体における混乱の始まりである。この混乱を最初に収めようとしたのは米国の研究者たちである。Bruehl and Cunfer（1975）は，*T. idahoensis* は *T. ishikariensis* とは異なる種であるとし，両者は形態に加え，分布や宿主範囲も異なるとした。さらに，両者は，まれに交配することがあるものの，遺伝的に隔絶していることを交配実験により明らかにした（Bruehl et al., 1975）。種間交配についてさらに研究したところ，992 の種間交配組み合わせのうち 19%の組み合わせで培養可能な後代を生じた（Christen and Bruehl, 1979）。これらの後代のなかには，病原力などの点から，自然界において生存可能と考えられるものも含まれていた。その後，野外から収集した菌株について大規模に調査したところ，*T. idahoensis* と *T. ishikariensis* の両方に交配するものがかなりの頻度で見つかり，また両種の変異は連続的につながっており，培養形態では区別がつかないとされた（Bruehl and Machtmes, 1980）。

Årsvoll and Smith（1978）は，*T. idahoensis*，*T. ishikariensis* にカナダに特有の菌 *Typhula* FW を加え，3 者の相互稔性からこれらをひとつの種と見なし，形態的特徴に基づき，各々を変種（variety）として扱うことを提唱した。var. *ishikariensis* と var. *idahoensis* は菌核の外皮層（rind）細胞（図 3-10）のかたちで区別され，また var. *canadensis*（= *Typhula* FW）は菌核が小さいなどの特徴で，前 2 者と区別される。同様な菌はわが国にも存在する（生物型 B の小型菌核フォーム，当初は生物型 C とされていた。Matsumoto and Tajimi, 1991）。しかし，少なくとも日本やノルウェーの菌においては，外皮層細胞のかたちに関して分類群内変異が著しく，分類学的特徴として利用できない（Matsumoto et al., 1996a）。また北米産 3 変種 11 菌株を DNA レベルで調査したところ，RAPD 解析では var. *idahoensis* はほかのふたつの変種と遺伝的に隔たって

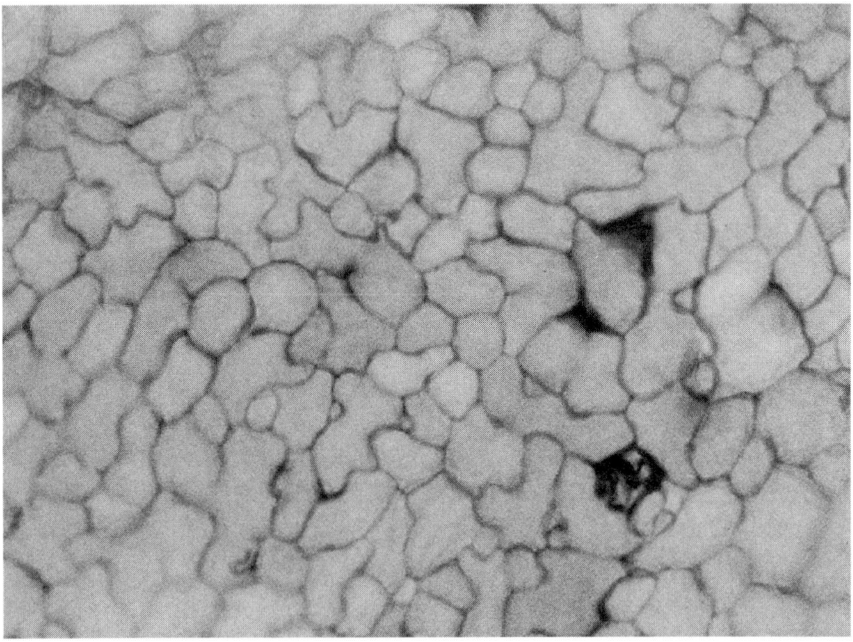

図 3-10　雪腐黒色小粒菌核病菌生物型 A の菌核外皮層細胞

いたが，ITS 領域の解析結果を考慮すると，これら 3 変種は別種と見なせるほど十分な違いはなかった(Hsiang and Wu, 2000)。

わが国においては，相互稔性のないふたつの分類群に対して，生物型 A と B(C)という正統な分類学用語ではない名前が付けられている(Matsumoto et al., 1982)。同様に，ノルウェーの菌群も，グループ I，II，および III に便宜的に分けられている(Matsumoto et al., 1996a)。いずれにせよ，個々の分類群を別種とするか，同一種内の変種とするか，見解は分かれているが，*T. ishikariensis* 複合体に異なる分類群が存在していることは明らかである(Bruehl, 1988)。松本(1997)は，遺伝的に隔絶した日本の生物型 A と B も北米の菌が介在することにより遺伝的につながっている(Matsumoto et al., 1983)ことから，ヨーロッパの菌も含めて，既知の分類群をすべてひとつの種 *T. ishikariensis* とし，これらを暫定的にふたつの生物種に分けた(表 3-4)。Mil-

表 3-4　*Typhula ishikariensis* 複合体を構成する分類群の環境適応[1]

分布地域	生物種I			生物種II		
	分類群	生息場所の環境	エコタイプ	分類群	生息場所の環境	エコタイプ
日本	生物型A	根雪の予測性高		生物型B	根雪の予測性低	小型菌核フォーム(超低予測性)
ノルウェー	グループI	多雪地帯	グループIII[2](低温)	グループII	傾斜地	菌糸付着(風媒)
ロシア	var. *ishikariensis*					
北米	var. *ishikariensis* var. *idahoensis*[3]	多雨地帯 小雨地帯		var. canadensis	低温	

[1] 松本(1997)より
[2] 星野ほか(未発表)による分子系統学的解析から，独立した分類群であると見なされる。
[3] 生物種Iに属すほかの菌群とは部分的に交配和合性であるが，培養形態では区別できない。遺伝的親和性から生物種IIに含むべきである。

lett(1999)は，米国ウィスコンシン州のゴルフ場に発生する *T. ishikariensis* に関して，交配実験結果およびITS領域1のシークエンスに基づき，同様にふたつの生物種の存在を認めている。これらふたつの生物種はアイスランドにおいても発見された(Hoshino et al., 2004a)。Hoshino et al.(未発表)はユーラシア大陸各地から菌株を集め，子実体と菌核の形態，交配実験，および分子生物学的データにより，*T. ishikariensis* 複合体に属す菌群をひとつの種として見なし，そのなかに複数の亜種(subspecies)を設けることを考えている。

(2)　生態的特徴

雪腐黒色小粒菌核病菌においては，雪腐褐色小粒菌核病菌同様，完全時代が普通に形成される。しかし，有性世代はあまり機能していないと考えられる。すなわち，モン・モン交配において本来和合性と考えられる組み合わせで交配が成立しないなど交配パターンの不規則性がしばしば観察される。その結果，地域に適応したスペシャリスト(エコタイプ)がクローン的に生き残り，さまざまな積雪環境に分布している(第2章参照)。ここでは，表3-4に示した分類群名を用い，個々の例を宿主範囲，低温耐性，および伝染様式の面から解説する。

イネ科植物が優占する北米の少雨地帯では，単子葉植物を特異的に侵す

var. *idahoensis* が分布し，双子葉植物も利用できる var. *ishikariensis*，はもともと森林であった多雨地帯に多い(Bruehl and Cunfer, 1975)。var. *idahoensis* と遺伝的に近い生物型 B(生物種 II)の宿主範囲も，単子葉植物にほぼ限られており，接種するとナタネやアルファルファをも枯死させるが，これらにはほとんど菌核が形成されない(松本，1989)。生物種 I に属す生物型 A は単子葉，双子葉植物の両方を侵し，枯死植物に多量の菌核を形成する(図 3-11)。わが国において生物型 A の遺伝的多様性は乏しく，交配不和合性因子の数も限られ(表 3-5，Matsumoto and Tajimi, 1993b)，特定の系統が優占する傾向にある(Matsumoto et al., 1996b, 2000)。さらに，その分布域も多雪地帯に限られ，生物型 B に比べ極めて狭い(Matsumoto et al., 1982)。しかし，生きた植物なら単子葉・双子葉植物を問わず利用できる宿主範囲の広さがその弱点を補っている。生物種 I の多様性はロシア全体を見ると明らかである。たとえば，エカテリンブルグでは，生物型 A に相当する菌はマツ(*Pinus sylvestris*)の実生を枯死させ，罹病組織には菌核が形成されていた(Hoshino et al., 2004b)ので，生物種 I の宿主範囲は裸子植物にまで拡がっている。

雪腐黒色小粒菌核病菌の生育適温は 5〜10℃と，雪腐褐色小粒菌核病よりも低く，特に耐凍性の発達したものでは，10℃以上における生育が著しく劣る(Matsumoto et al., 1996a)。このような菌はノルウェー沿岸部，ロシア内陸部やカナダに存在し，その菌糸は−40℃の低温にも耐える(第 2 章参照，Hoshino et al., 2009)。特別な耐凍性の菌群を地理的条件にあわせて輩出しているのも，雪腐黒色小粒菌核病菌の特徴である。

雪腐黒色小粒菌核病菌の担子胞子は，いずれの分類群においても，感染源としてはほとんど機能しないと考えられる。Cunfer and Bruehl(1973)は，はさみで傷をつけた葉に *T. idahoensis* の担子胞子を接種することにより，50 鉢のコムギのうち 7 鉢で，オオムギでは 32 鉢中 7 鉢で菌核が形成されたことを報告している。しかし，それぞれ 19 鉢と 12 鉢の植物は無接種区と同様に健全であった。*T. idahoensis* のモノカリオンには病原性はない(Kiyomoto and Bruehl, 1976)。担子胞子が感染源として機能しなくても，古くなった子実体や菌核から直接伸長した菌糸により感染することで，菌核の貯蔵養分は有

図3-11　ナタネに形成された *Typhula ishikariensis* 生物型Aの菌核。菌核は被害植物表面から離脱しやすい。

表3-5　北海道のペレニアルライグラス由来とアルファルファ由来の *Typhula ishikariensis* 生物型Aの交配不和合性因子

ペレニアルライグラス由来[2]			アルファルファ由来[3]		
子実体No.	不和合性因子[4]		子実体No.	不和合性因子[4]	
	A	*B*		*A*	*B*
PR4	2，3	1，3	AL1	1，2	1，3
PR6-7	1，2	1，2	AL2	1，2	1，2
PR7-6	1，2	1，2	7 AL1	1，2	1，2
PR9-4	2，6	2，4	23 AL	1，5	1，3
PR10-8	1，2	1，2	23 AL1	2，4	1，3
HP	1，2	1，2	23 AL2R	1，2	1，2
TP14	1，2	1，2	23 AL3	2，4	1，3
7 PR	1，2	1，2	23 AL4	2，4	1，3

[1] Matsumoto and Tajimi (1993b) より
[2] ペレニアルライグラス由来子実体は札幌産のPR4と7PRを除いて浜頓別産
[3] アルファルファ由来子実体はすべて札幌産。浜頓別と札幌は250 km離れている。
[4] 不和合性因子 *A* と *B* は任意に決定した。

効利用される。また，雪腐黒色小粒菌核病菌のふたつの生物型は共にモノカリオン化することで病原力は著しく低下するので(松本，1989)，担子胞子由来のモノカリオンは交配しダイカリオンにならないと生き残れないと考えられる。すなわち，担子胞子の繁殖体(propagule)としての機能は低く，菌核あるいは子実体から生じた菌糸がその役割を果たしている。このような意味でも，本菌は土壌伝染性であるといえる。特に生物型Bの土壌伝染性は顕著で，通常の農薬茎葉散布で防除効果が安定しない原因は，土壌中の菌核が感染源となっているためである(Saito, 1988)。

植物体地下部を侵害できる能力(土壌伝染性)は，同じ分類群内でも世界的にはさまざまである。生物種Iに属す *T. idahoensis* の菌核は2 cmより深い土壌中では感染源として機能しない(Davidson and Bruehl, 1972)。わが国では植物根を侵害しない生物種Iが，モスクワではチューリップの根を加害する(Sinadoskii and Tkachenko, 1981; Tkachenko et al., 1997)。ロシアの雪腐黒色小粒菌核病菌菌核は土壌に13か月埋設されると多くが死滅したが，生き残ったものは二次菌核を形成した(Tkachenko, 1984)。米国ウィスコンシン州のゴルフ場においても生物種Iはかなりの頻度で(46菌株中10菌株)存在していた(Millett, 1999)。一方，わが国ではゴルフ場芝草由来の生物型Aは1菌株しか得られていない(松本，1989)。ゴルフ場における強度の農薬散布は植物の地下部も利用できる生物種IIに有利に働くが，ウィスコンシンでは生物種Iも芝草の地下部で生存できるのであろう。

地域的な菌群分化をもたらす原因のひとつは，雪腐黒色小粒菌核病菌が異系交配を積極的に行わず，むしろクローン的な増殖をする性質に基づく。米国ワシントン州の *T. idahoensis* の交配不和合成因子は多様で活発な異系交配が維持されているのに対し，アイダホ州やユタ州の菌株は稔性を失いつつある一方で病原力は強い(Bruehl et al., 1978)。一般に植物病原菌は進化・適応の過程で有性世代を失う傾向にあることを考慮すると，ワシントン州は1万5,000～1万2,000年前まで氷河に覆われていた新しい生息場所であるのに対しアイダホ州やユタ州は生息場所として古いことが，両者の有性世代機能性の違いとして現れていると考えられる。生物型Bにおいては，生息限界地帯の仙台平野や毎年農薬の選択圧にさらされるゴルフ場グリーンの個体群構造は単純で，特定のMCGが繁栄している(Matsumoto and Tajimi, 1993a)。また，ノルウェー沿岸部の土壌凍結の著しいところに分布するgroup IIIでも同様の傾向が見られる場合がある(Matsumoto and Tronsmo, 1995)。生物型Aにおいては，クローン的な性格がさらに強く，北海道においてはある特定のMCGが蔓延し，その全菌株中に占める出現頻度は道央で約14%，最近発生が目立つようになった道東では38%にも上る(Matsumoto et al., 1996b; Matsumoto et al., 2000)。このMCGは道南や東北地方からは見つかっていないので，宗谷海峡や津軽海峡が陸橋化していた地史学的事実と照合すると，このMCGの年齢は約1万年と推定できる(第2章参照)。

生物型Aの菌核は大半が無事に越夏し晩秋まで生存するが(Matsumoto and Tajimi, 1985，図3-8)，休眠覚醒後の発芽時における状況はほとんど研究されていない。夏期の観察結果では，生物型Aの菌核は実験終了時点(11月25日)においてもほとんど発芽していなかったが，10月25日には，本菌以外の糸状菌が分離される頻度が上昇する傾向を示し，生存率は70%台に低下していた。これは菌核が休眠から覚醒し始めると共に，菌寄生菌の侵害を受けやすくなっている可能性を示唆している。休眠中には菌核内部の髄組織は堅く結合し，しばしば菌核は中空になっているが，発芽の前段階になると髄組織の結合がゆるみ内部には成長した菌糸とおもわれる構造が充満してくる(Matsumoto et al., 2010，次項参照)。その際には栄養分が菌核の外部に漏れ，周辺の微生物の活動も活発化してくると考えられる。

事実，晩秋のアルファルファ圃場において雪腐黒色小粒菌核病菌生物型A菌核645個を調べたところ(松本，2008)，75%はすでに発芽しており(図3-12A)，そのうちの約半数は子実体が脱落し，外皮のみが脱け殻として残っていた(図3-12B矢印)。未発芽の菌核は，表面は白い菌糸で覆われているものの外観は正常で内部は堅いもの(図3-12B)と，堅くてしわが寄り干しぶどう状になったもの(図3-12C)とに大別された。これらからはほぼ100%の確率で，生物型A以外の糸状菌が生育してきた。これらの糸状菌のなかには夏期の休眠中に出現するような有力な菌寄生菌はなく，菌糸や胞子が着色した

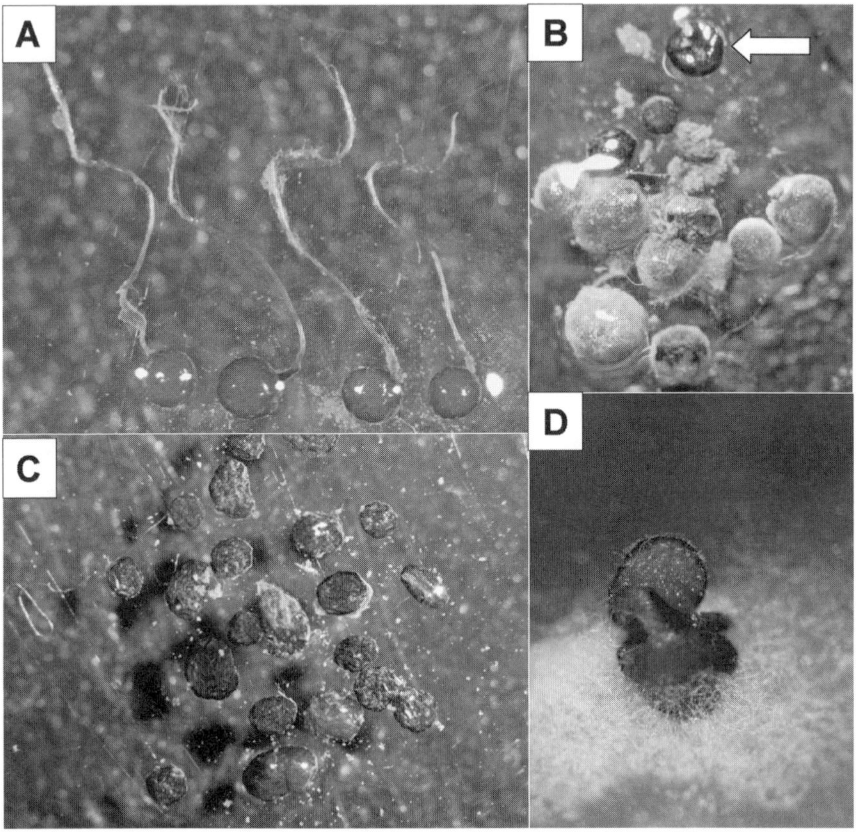

図 3-12　晩秋の圃場における雪腐黒色小粒菌核病菌生物型 A の菌核(A～C)とそこから分離されるそのほかの糸状菌による生存の低下(D)

Dematiaceae に属する菌が分離された。これらのなかには培地上で菌核の生存を低下させるものもあった(図 3-12D)。

以上のことから，少なくとも根雪前に多湿になるわが国においては，雪腐黒色小粒菌核病生物型 A の菌核が何年にもわたって耐久生存することはないと考えられる。菌核の大多数は休眠状態で死滅することなく越夏した後，晩秋に覚醒し発芽を開始し始める。休眠から覚醒し発芽するまでの期間は，弱い菌寄生菌により生存が脅かされているものと推定される。夏期の休眠状態の菌核を侵害する菌寄生菌相と晩秋の覚醒した菌核を侵す菌相は異なっていると思われるが，今後の詳細な研究が必要である。

雪腐黒色小粒菌核病菌生物型Aは1年で生活史をまっとうし，少なくともわが国では菌核が複数年にわたり休眠する可能性は高くないことが示された。畑地においては，本菌の宿主とならない夏作物と秋播コムギを輪作することで病原菌の量を激減することは可能である。圃場に残ったスズメノカタビラ，ハコベやオオツメクサなどの雑草が宿主植物として，次世代への橋渡しをしていると考えられるので，輪作と共に圃場衛生は発生を低減させる要点のひとつといえる。

(3) 遺跡から発見された菌核

植物病原菌は人類と深い関係があるにも関わらず，植物病原菌が遺跡から発掘されることはほとんどなかった。千歳にある縄文時代(約4,000年前)の遺跡炉跡から種子などと共に直径約0.5 mmの未知の球状物体が多数発見された(Matsumoto et al., 2010)。このような物体は完全に炭化していたが，かたちや大きさから雪腐黒色小粒菌核病菌の菌核と考えられた。走査電子顕微鏡観察から，灰に覆われた表面の隙間から雪腐黒色小粒菌核病菌菌核に特徴的な外皮層(rind)細胞の模様が見られたが(図3-13A，円内)，灰を除くため軽く超音波処理をしただけでも外皮層は脱落し，内部の髄組織がむき出しになった(図3-13B)。髄組織は内部まで充満することなく，物体は空洞であった。さらに，千歳の東部にある平取の遺跡から発掘された同じようなサンプルのなかには，発芽しかけたもの(図3-13C)がごく少数見つかった。この遺跡は1667年9月23日の樽前山の噴火で埋もれたアイヌの集落である。火山が噴火した9月23日は，雪腐黒色小粒菌核病菌が子実体形成のために菌核が発芽し始めていた時期的に符合する。平取のサンプルは内部までスポンジ状の偽柔組織で充満しており，内部が空洞である千歳のサンプルとは異なった。休眠し始めたばかりの雪腐黒色小粒菌核病菌の菌核は空洞であるが，発芽に先立ち髄組織が成長し菌核内部を充満することが実験的にも確認された。以上の事実や内部の構造からこれらの物体は雪腐黒色小粒菌核病菌の菌核であると結論された。しかも，なかには植物片の付着したもの(図3-13D)があっ

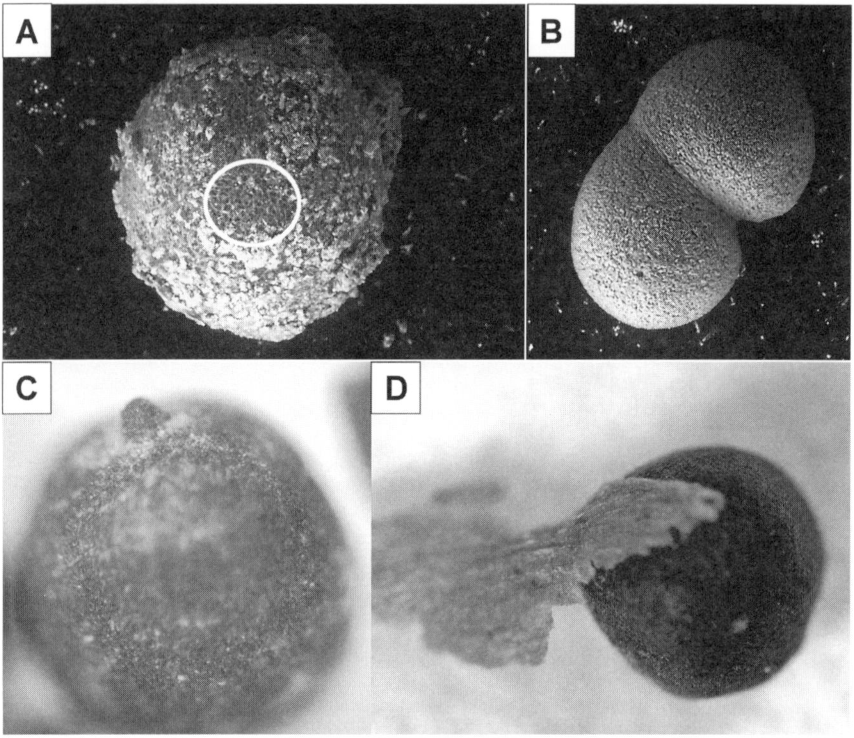

図 3-13　古代の遺跡から発見された雪腐黒色小粒菌核病菌生物型 B の菌核（Matsumoto et al., 2010）。A，B：約 4,000 年前の千歳市長都の炉跡より，C，D：約 400 年前の平取町の家屋周辺より

たので，雪腐黒色小粒菌核病菌のなかでもこれらの物体は，生物型 B の菌核であると断定された。生物型 B の菌核は植物組織から離脱しづらく，離脱してもしばしば植物片が付着している。

このような菌核は北海道内の太平洋側西部の伊達（約 400 年前）やオホーツク海側雄武（約 1,000 年前）の遺跡からだけでなく，約 2,500 年前のロシア沿海地方の遺跡からも発見されている。これらの遺跡にはいずれも農耕の証拠が残されており，ヒエ，アワなどの栽培植物のほかに畑の雑草であるハコベの種子も含まれている。ハコベは農作物の収穫が終わった後，盛んに生育し結実するが，一部は枯死せず越冬する。単子葉植物しか侵さない生物型 B も枯死しかかったハコベは利用できる(松本，1989)。ヒエ，アワは夏作物で，秋には収穫されるので雪腐病にかかる可能性はないが，脱粒性が十分に改善されていなければ，秋の収穫時にこぼれた種子が発芽して冬を迎えることも予想される。古代の人は家の周辺のゴミを炉で燃やしていたようで，生物型Bの菌核も植物と一緒に燃やされたのであろうか。

葉の化石に認められた病気の跡はしばしば報告されている。しかし，病原菌自体が古代の遺跡から発掘されることは，農耕における作物と病原菌の密接な関係にも関わらず，めったになかった。病原糸状菌が顕微鏡的な大きさであることで見過ごされている可能性が大きい。菌核が肉眼で見える大きさだったことが，今回の発見につながったといえる。

5) *Typhula phacorrhiza*

拮抗菌として注目される *Typhula phacorrhiza* は(第5章参照)，コムギに病原性があることも知られているが(Schneider and Seaman, 1986)，わが国ではこの事実は確認されていない。また，少なくとも芝生を対象に生物防除資材としてスクリーニングされたトウモロコシ残渣由来の菌株は芝草(クリーピングベントグラス)に病原性を示さなかった(Wu and Hsiang, 1998)。子実体形成には雪腐小粒菌核病菌同様，湿度と氷点近くの低温を要するが，菌株によってはほとんど形成しないものもある(Yang et al., 2006)ので，同定には菌核の特徴によるところが大きい。*T. phacorrhiza* の紡錘形の菌核には柄があり柄の一点で植物組織に付着するが，不定形の大きい菌核では柄はないか目立たない。また，菌核外皮層細胞はジグソーパズルのように入り組んだ特徴的なかたちをしている。

2. *Sclerotinia* spp.

Sclerotinia 属においては，*S. sclerotiorum* に代表されるように多くの種が中温性であるが，*S. borealis*，*S. nivalis* および *S. trifoliorum* は積雪下で植物に加害する(Saito and Tkachenko, 2003)。これら3種の雪腐病菌のおもな

宿主範囲は，それぞれイネ科植物，双子葉植物およびマメ科牧草である。前2者についてはSaito(2001)よる厳密な種の記載と詳細な宿主範囲の調査により，多くの知見が蓄積され混乱が整理された。

1) 雪腐大粒菌核病菌(*Sclerotinia borealis*)

(1) 分類学上の問題

雪腐大粒菌核病菌の変異に関しては十分に研究されていなかったが，齋藤ほか(2011)の研究により全容が明らかになりつつある。ユーラシア大陸各地の非農業地帯から採取した*S. borealis*は，培養形態，菌糸生育速度，菌核や子のう盤の大きさに関し農作物由来のものと区別され，本種は3つのタイプに分けられた(斉藤，2006)このような違いは分子生物学的解析からも裏付けられつつある(斉藤泉，私信)。3つのタイプに共通な*S. borealis*を特徴付ける形質として，好低温性・好高張性という生理学的性質に加え，形態的には菌核の髄組織に細胞間隙がなく，子実体の托外皮層(ectal excipulum)は円形菌組織(textura globulosa)よりなり，また無色の子のう胞子には8個の核が含まれることがあげられる(斉藤ほか，2011，図3-14)。本菌は一時*Myrioscler-*

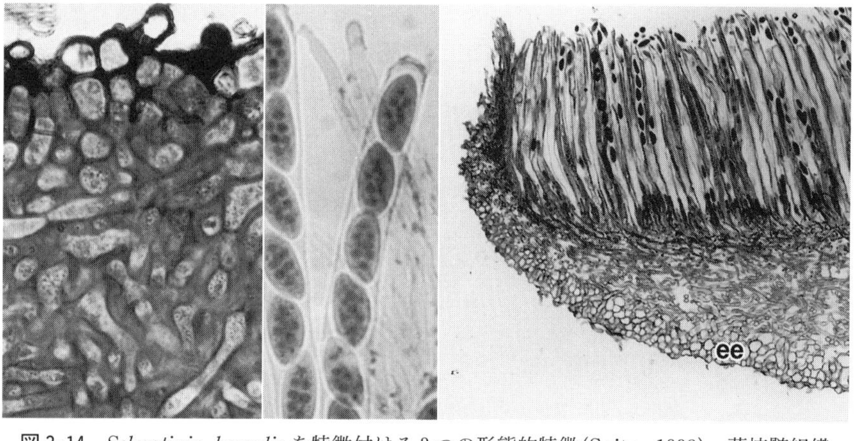

図3-14 *Sclerotinia borealis*を特徴付ける3つの形態的特徴(Saito, 1998)。菌核髄組織に細胞間隙がなく(左)，無色の子のう胞子には8個の核が含まれ(中)，子のう盤托外皮層細胞eeは円形の菌細胞よりなる(右，ee)。

otinia borealis とされた(Khon, 1979)が問題点もあり，その分類学的所属はまだ未解決で，ここでは *Sclerotinia borealis* にとどめておく。また種内分化についても今後分子生物学的な比較検討がなされることが期待される。

(2)　生態的特徴

雪腐大粒菌核病は，積雪地帯のなかでも土壌凍結の著しい地帯で多く発生する(冨山，1955；Nissinen, 1996)。しかし，土壌凍結そのものが雪腐大粒菌核病菌の分布を決めるのではなく，本病に対する宿主植物の抵抗性がその耐凍性に大きく依存し，その結果分布は宿主植物凍害の有無で決まる。尾崎(1979)は，温室で栽培した各種イネ科牧草を11月上旬から順次野外の低温にさらすことで，雪腐大粒菌核病の発病前提条件が凍害であることを明らかにした(図3-15)。発病はペレニアルライグラスがもっとも著しく，次いでメドウフェスク，オーチャードグラス，ケンタッキーブルーグラス，およびチモシーの順であった。土壌が凍結しない北海道中央部や北部においてペレニアルライグラスに本病が発生するのは，耐凍性の低いペレニアルライグラスがこれらの地域においても凍害を受けるためである(尾崎，1979)。また，岩手県北上山地でも圃場の吹きさらし部分において，ペレニアルライグラスに雪腐大粒菌核病がかなり発生する(松本直幸，未発表)。コムギ品種においては雪腐大粒菌核病抵抗性と耐凍性の間に相関があり(天野・尾関，1981)，雪腐大粒菌核病抵抗性スクリーニングのためには秋播コムギを高畦栽培する方法が有効である(山名，2012)。高畦栽培することで，積雪下の地表面温度は−3℃近くまで低下し，その後は長期間−1℃付近を推移する(図3-16)。

わが国における雪腐大粒菌核病の主たる発生地は道東である(冨山，1955)が，近年ではあまり重要でなくなってきている。Nissinen(1996)によれば，その発生は年により大きく異なり，根雪開始が遅く土壌凍結の著しい年に被害が大きくなる。とくに1974〜75年の冬，道東では根雪の始まりが遅く，3月にはかなりの積雪に見舞われ融雪が遅れた。そのため，雪腐大粒菌核病の発生に好適な気象条件となり，オーチャードグラスは壊滅的な被害を受けた(荒木，1975)。その後，本病により抵抗性(耐凍性)のチモシーが普及した。チモシーでも播種当年は本病にかかりやすいので，できるだけ植物体を大きく

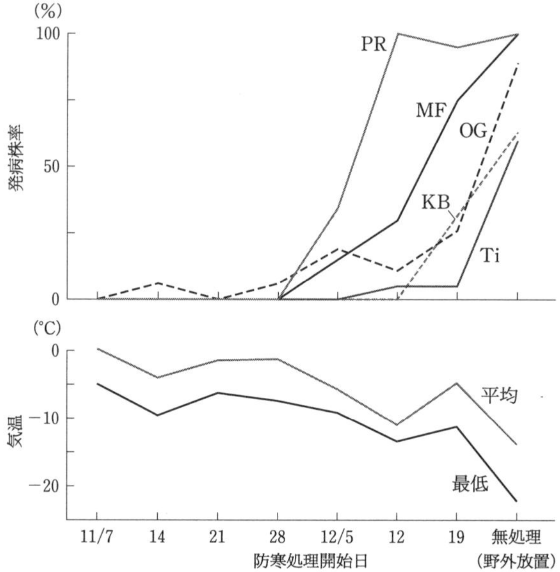

図 3-15 イネ科牧草の凍害と雪腐大粒菌核病発生の関係(尾崎，1979 より作図)。野外で低温馴化した接種植物を 11 月 7 日〜12 月 19 日まで順次 5°Cの定温庫に取り込み寒さから保護した後，根雪後の 1 月 20 日に積雪下に埋設した。防寒処理が遅れると雪腐大粒菌核病が発生した。PR：ペレニアルライグラス，MF：メドーフェスク，OG：オーチャードグラス，KB：ケンタッキーブルーグラス，Ti：チモシー

成長させ冬を迎えることが栽培の基本として提案されている。しかし，2008 年には十勝地方日高山麓地帯を中心にチモシー新播草地 1,281 ha に本病が発生した。実態調査から播種期が遅くなるほど(越冬する植物が小さいほど)生存植物数が低下することが明らかになった(佐藤ほか，2009，図 3-17)。特にこの年播種期が遅れた原因として，チモシーの播種期に乾燥が続いたことやサイレージの品質向上のためトウモロコシの収穫をできるだけ遅らせたことが考えられる。

雪腐大粒菌核病は主としてイネ科植物に発生する(Grove and Bowerman, 1955; Röed, 1960)が，病原菌の宿主範囲についても未解明の部分が多い(Saito, 2001)。本菌は北欧や北太平洋沿岸ではスゲ科やイグサ科などの野生植物か

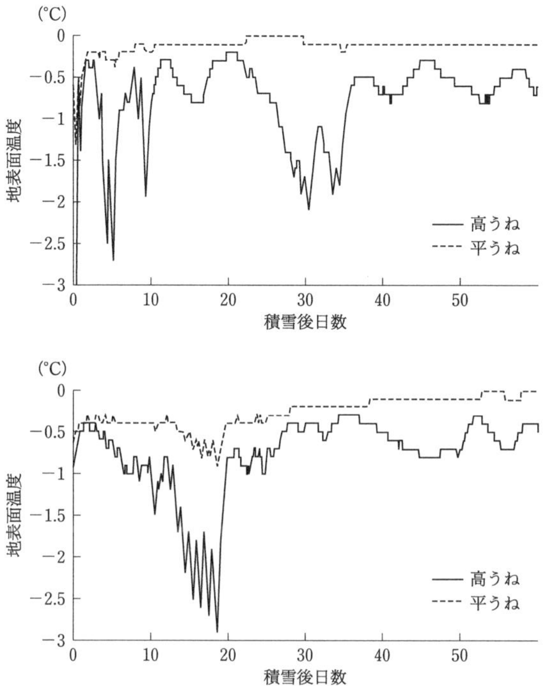

図 3-16　高畦における積雪下地表面温度の低下(山名，2012)。北海道立北見農試(訓子府町)，上(2010 年)　下(2011 年)

らの発生が報告されている(Kohn, 1979)。オーチャードグラスなどのイネ科牧草が雪腐大粒菌核病に罹病するとクラウン付近にまで被害が及び菌核が形成されるので，茎数の減少や植物体の枯死など，一見，雪腐大粒菌核病菌の病原力は強いものと認識されがちである。イネ科牧草における病害の発生も，植物組織が凍害により「半殺し」の目にあって初めて成立するのである。すなわち，雪腐大粒菌核病は弱い病原菌(Årsvoll, 1976)か腐生菌である。本菌はアイリス，ペルコ(緑肥植物 *Brassica* の種間雑種)，アリウム，カンパニュラなど非イネ科植物の老化葉で腐生的に増殖することが報告されている(Saito, 1998)。

図 3-17　2008 年十勝地方の新播チモシーに発生した雪腐大粒菌核病。A：圃場には被害を免れた植物（矢印）がわずかに残るが，B：やがてハコベなどの雑草に排除される。

2）双子葉植物の雪腐病菌（*Sclerotinia nivalis*）

本菌の発生は，以前から双子葉植物で報告されており，その病原菌は *Sclerotinia intermedia* とされていたが記載が不十分であった。その後 Saito (1997) は正式に記載を行い，学名を *S. nivalis* とした。本菌は積雪下で越冬中のキク科，セリ科，アブラナ科，シソ科，タデ科などの双子葉植物を広く加害するので，雪腐病菌と見なされる。しかし，培養適温は 20℃付近にあり，20℃における人工接種ではレタスなどにも病原性を示すが，その病原力は中温性の菌核病菌（*S. sclerotiorum*）よりも弱かった（Saito, 2001）。中国，韓国，ロシア（Tkachenko et al., 2003）などからもその発生が確認されているが，被害の実態などの詳細は十分には解明されていない。

3）マメ科牧草の菌核病菌（*Sclerotinia trifoliorum*）

従来よりマメ科牧草を侵す *Sclerotinia* は *S. trifoliorum* であるとおおざっぱに考えられてきたが（Purdy, 1979），Scott（1981）はそのことをエステラーゼのアイソザイムにより確認した。*S. trifoliorum* はアルファルファやクローバ類の菌核病菌として，北海道においても重要な病原菌となっている。本菌は，アカクローバやシロクローバに対しては積雪下で加害する雪腐病菌として関与し，これらの牧草の永続性に影響を及ぼしている。この病害に対する現実的な対策は抵抗性品種の利用であり（Scott, 1984），アカクローバでは重要な育種目標になっている。*S. trifoliorum* は，アルファルファでは，融雪後茎が伸長し始める頃から発生し，茎内部が侵されるので茎がしおれる。

3. 紅色雪腐病菌（*Microdochium nivale*）

1）分類学上の問題

紅色雪腐病菌には変異があることはよく知られているが，わが国においては詳細な比較研究はなされていない。本菌は，かつて *Fusarium nivale*（完全時代 *Calonectria nivalis*）とされていたが，分生子形成法の違いから *Fusarium* 属からは切り離され，*Gerlachia nivalis* に変更され，さらに分生子の大きさに基づいてふたつの変種が設けられた（Gams and Müller 1980）。これらは現在 *Microdochium nivale* var. *nivale* と var. *majus*（完全時代 *Monographella nivalis*）とされている（Samuels and Hallett, 1983）。Gams and Müller（1980）は，ふたつの変種（いずれも小麦由来）について生態や生育温度に明瞭な違いは見当たらないとしたが，Smith（1983）は，カナダ中西部サスカチュワン州の穀物由来菌株とイネ科牧草由来菌株で分生子の大きさなどに違いがあることを認めた。すなわち，コムギなど穀物由来の菌の分生子は大型で完全時代を形成するのに対し，芝草などイネ科牧草菌の分生子は小さく1～2細胞で完全時代を形成することはなかった。同様にノルウェーにおいても，イネ科牧草菌株はすべて完全時代を形成することがなかった。カナダ東部オンタリオ州南部では，芝生由来の菌株にもコムギ由来の菌株にもふたつの変種が混在し

(共に大半が var. *nivale*)，コムギ由来の 4 菌株(var. *nivale* と var. *majus* ともに 2 菌株ずつ)のみがホモタリックで完全時代形成には交配相手を必要としなかったが，芝生由来の菌はヘテロタリックであった(Litschko and Burpee, 1987)。分子生物学的根拠(RAPD, IGS-RFLP)から，同じ地域の芝生由来の菌株は多様であったが，すべて var. *nivale* と同定され，そのなかにはクリーピングベントグラスと密接な関係のある個体群が検出された(Mahuku et al., 1998)。これに対しイギリスの *M. nivale* を RAPD により解析したところ，例外はあるものの，コムギ由来の菌株にはふたつの変種が混在し，両者の違いは分生子の形態や完全時代の有無と一致した(Lees et al., 1995)。また，分生子の形態で var. *nivale* と同定された菌株にもホモタリックなものが見られた。var. *nivale* は多様であるが，特異的プライマーによる判別では分子生物学的にはひとつのグループを形成していることが示されている(Nicholson et al., 1996)。さらに蛋白合成に関わる伸長因子(elongation factor)1-α 遺伝子を比較して，var. *nivale* と var. *majus* は別種とする考えも提出されている(Glynn et al., 2005)。北海道産の 70 菌株を ITS-RFLP で判定したところ，var. *majus* と判定されたのはコムギ由来の 4 菌株のみで，残りの菌株は var. *nivale*(コムギ由来 16 菌株，イネ科牧草由来 50 菌株)であった(寺見・川上，2006)。同様に道内 45 地点の秋播コムギ圃場(イタリアンライグラス 1 圃場を含む)由来の菌株の分生子は 1〜2 細胞と小さくすべて var. *nivale* に該当するが，ホモタリックであった(田中ほか，1983)。

2) 生態的特徴

紅色雪腐病の被害は比較的軽微であるが，発生地域は広く，特に中性火山灰土壌で被害は大きくなる傾向がある(中島・内藤，1995)。また病原菌は宿主植物のすべての生育ステージに関与している(Cook, 1981)ことも，本病が見逃せない病害となっている理由のひとつである。赤かび病に由来する汚染種子は一次伝染源となり(Hewett, 1983)，苗の死滅は低温下で著しくなる(Millar and Colhoun, 1969)。また，本菌の菌糸は 10°Cの低温下では無殺菌土壌中を進展する(Booth and Taylor, 1976b)ので，ワラに残った菌糸などの土壌伝染源は，苗への感染源として汚染種子よりも重要な場合もある(Booth and Taylor, 1976a)。積雪下での病害は紅色雪腐病として認識される。紅色雪腐病に罹病した植物は，融雪後多量に形成された分生子のためピンク色を帯びてくる。このような分生子は二次伝染源となり，条件次第では，融雪後新たに伸長する葉に被害を与える。たとえば，冷涼湿潤な天候が続くと，コムギでは葉に斑紋を生じ(明日山，1940)，芝草には雪のない季節にもかなりの被害を与える(Smith, 1987; Tani and Beard, 1997)。米国ワシントン州では融雪後の乾燥のため完全時代(子のう殻)はほとんど形成されないが，形成されても秋がきて湿潤になるまで子のう胞子は放出されない(Cook and Bruehl, 1968)。秋に放出された子のう胞子も雪腐病を起こすが，感染源としてはそれほど重要ではない(Cook and Bruehl, 1966)。これに対しヨーロッパでは子のう胞子がエン麦の開花期に放出され，赤かび病を起こし，汚染種子が形成される(Noble and Montgomerie, 1956)。このように紅色雪腐病菌は冬穀物の生活史のすべての段階で発生するので，本菌の生活環を絶つことは有効な防除手段となりうる。たとえば1950年代には，凍上により持ち上げられた秋播コムギの無効分けつを減らすため，融雪後には「土寄せ」が行われていた。盛岡で4年間行われた実験結果によると，紅色雪腐病に罹病した枯死葉に土をかぶせ残渣の分解を促進させることで，その後の葉鞘や止葉における子のう殻形成をほぼ完全に抑制し，赤かび病の発生を76%減少させることができた(Nakajima, 2007)。

以上概観すると，*M. nivale*は基本的には一年性，多年性植物を問わず加害することが可能で，両方の変種が混在しうる。しかし，多年性の宿主にはヘテロタリックな菌株が，一年性宿主にはホモタリックな菌株が寄生する傾向にある。特定の宿主(クリーピングベントグラス)から特定の系統が検出される事実(Mahuku et al., 1998)は，植物の生活史のすべての段階に関与しうるという本菌に特有の性質に由来するかもしれない。特に多年性宿主においては宿主・病原菌相互関係が永く続くので，病原菌に対し絶えず選択圧がかかるのだろう。1980年代後半北海道農試で育成中のメドウフェスクのある特定の系統に綿状の菌糸を多量に生じる紅色雪腐病が発生した(図3-18)が，このような病原菌は宿主系統が品種育成の過程で除かれると共に見られなくなった。

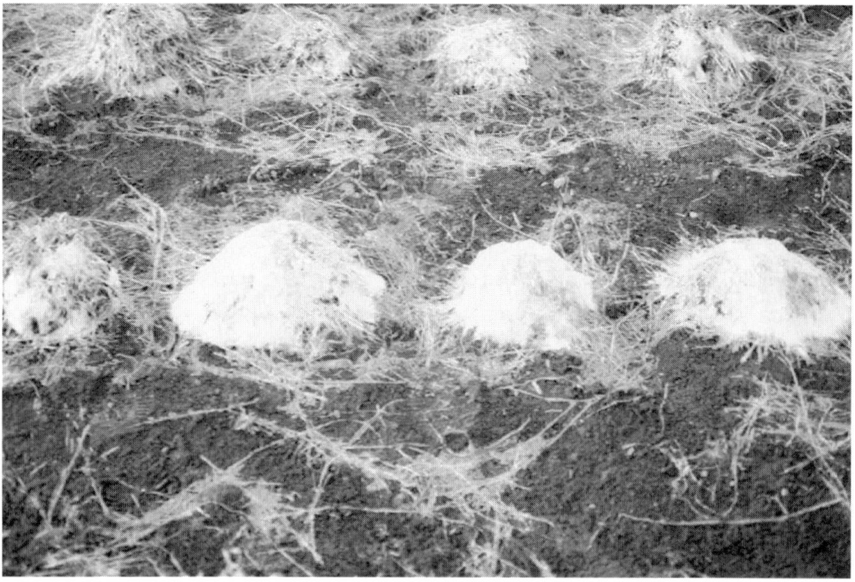

図 3-18　メドウフェスクの特定の育成系統に発生した紅色雪腐病。綿毛状の菌糸が多く形成され，罹病植物はかき氷のように見える。

M. nivale は，その進化過程において雪腐病菌としては十分に適応しておらず，むしろ宿主の生育期にも発生したり腐生能力も有するなど，その万能性が時間的，空間的な分布域の広さに貢献している。さらにオオムギ苗ではエンドファイト(内生菌)として病気を起こすこともなく植物体内に存在することが知られている(Perry, 1986)。このような性質は，植物病原菌における進化適応や宿主・病原菌相互関係(Ergon et al., 1998; Ergon and Tronsmo, 2006)を研究する上で，扱いやすさも相まって紅色雪腐病がモデル系として有効であることを示している。

4. 褐色雪腐病菌(*Pythium* spp.)

Pythium 属菌による褐色雪腐病は 1933 年，富山から最初に発見された。わが国では，排水の悪い水田転換畑に裏作としてムギ類などが植えられてい

るので，褐色雪腐病菌は積雪のある地帯では島根から北海道まで広く分布している。また，コムギやオオムギの栽培歴のない土壌や山林からも検出される（Takamatsu and Ichitani, 1987b）ありふれた菌である。一方，世界的にはあまり知られていないが（Takamatsu and Takenaka, 2001），米国ワシントン州からもその発生が報告されている（Lipps and Bruehl, 1978）。

褐色雪腐病菌が属す *Pythium* 属菌は遊走子を水中に放出することで，植物に感染する。ムギ類褐色雪腐病にはいくつかの *Pythium* 属菌が関与しているが（平根，1960; Lipps, 1980; Ichitani et al., 1986），*P. iwayamai* がもっとも重要である。これらの病原菌は土壌の排水性により検出頻度が異なる。福井県におけるムギ類を作付けした122の水田転換畑すべてからは3種の褐色雪腐病菌が検出され，湿田では *P. paddicum* が優占し，*P. iwayamai* は乾田で発生頻度が高くなった（表3-6；高松，1990）。また，*P. iwayamai* は畑地に多く（Takamatsu and Ichitani, 1987a），*P. okanoganense* は山林に多い（Takamatsu and Ichitani, 1987b）。*P. paddicum* は低酸素，高二酸化炭素という水田に適応し，9月にもっとも検出頻度が高い（高松，1993）ことから，絶対的な雪腐病菌ではない。また，*P. vanterpoolii* と *P. volutum* も弱いながらオオムギに病原性が確認され，褐色雪腐病を起こすことが知られている（Ichitani et al., 1986）。

褐色雪腐病は *Typhula incarnata* による雪腐褐色小粒菌核病と混発することがある。ELIZAを利用して，Takenaka and Arai（1993）はオオムギの植物体上における両者の動態を観察した。褐色雪腐病菌は葉と葉鞘から，雪腐褐色小粒菌核病菌は葉と根から頻繁に検出された。また *P. iwayamai* と *T.*

表3-6　水田転換畑初年度目のムギ類に発生した褐色雪腐病菌[1)]

水分条件	調査圃場数	発生圃場数	病原菌の種類[2)]		
			Pp	Pi	Po
湿田	69	37	36	2	0
乾田	53	27	19	15	8

[1)] 高松（1990）を改変
[2)] Pp: *Pytium paddicum*, Pi: *P. iwayamai*, Po: *P. okanoganese*

incarnata が圃場で共存する場合，前者がまず感染し，やがて後者に駆逐されることも明らかになり，この結果は圃場の観察に一致する。

極地において *Pythium* は野生植物であるコケを加害し，その被害はパッチ状を呈する（図 3-19）。罹病組織からは *P. ultimum* var. *ultimum*（Hoshino et al., 1999），*Pythium* HS グループ（Hoshino et al., 2000）や *P. polare*（Tojo et al., 2012）が検出され，これらは植物相の遷移に関わっていることが示唆された。*P. ultimum* var. *ultimum* はありふれた菌であるが，北極のコケ由来の菌株と大阪由来の菌株で生育温度反応が異なる（Hoshino et al., 1999）。また，*P. polare* は両極に分布し互いに交配可能である（Tojo et al., 2012）。その主要な宿主である *Sanionia* 属コケも両極に分布している。

褐色雪腐病を起こす *Pythium* 属菌のほとんどが分子系統学的に近縁である（Lévesque and De Cock, 2004; Tojo et al., 2012）ことは興味深い。多くの種がひとつのクレードに属している。さまざまな氷雪圏に普遍的に分布し，雪腐病

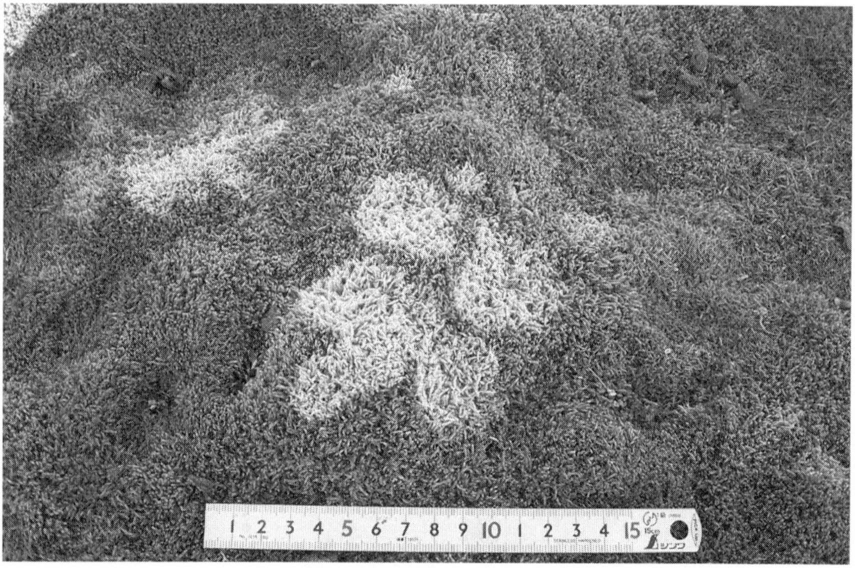

図 3-19　両極に分布する *Sanionia* 属コケに発生した褐色雪腐病のパッチ（東條元昭氏提供）

菌としても多様な褐色雪腐病菌には，ほかの雪腐病菌と異なった進化適応過程が見られる可能性があり，今後の研究発展が望まれる。

5. その他担子菌性雪腐病菌

1) スッポヌケ病菌(*Athelia* sp.)

1970年代後半から，コムギの分けつ中心葉基部が腐敗し，その上部の葉が枯死する未知の雪腐病の発生が知られていた。罹病葉は基部から容易に引き抜くことができるので，スッポヌケ病と呼ばれた。罹病部位からの病原菌分離は難しく，かさぶた状の菌核からはかすがい結合を有する菌糸が分離され，また分離菌株の病原性も認められたので，病原菌は担子菌の一種と考えられた(清水・宮島，1990)。その後の発生実態調査(清水・宮島，1992a)によると，分布地域は道東を中心とするいわゆる雪腐大粒菌核病発生地帯に一致し，雪腐大粒菌核病の発生年に本病も多発する傾向にあった。病原菌は，雪腐小粒菌核病菌(*Typhula* spp.)とは交配せず培養形態も異なるので，カナダなどで発生しているLTB(低温性担子菌　low temperature basidiomycetes)との類縁が疑われた。しかし，スッポヌケ病菌はLTBとも交配しなかった(清水・宮島，1992b)。その後の分子生物学的解析により，スッポヌケ病菌は*Athelia*属であることが推定された(川上顕，未発表)。*Athelia*属は森林のリター層に普通に分布する菌であるが，このことを裏付けるような事実を観察した。すなわち，網走地方で森林の土壌を用いてベントグラスグリーンを造成したところ，スッポヌケ病がパッチ状に大発生した(図3-20，松本直幸，未発表)。

スッポヌケ病は道内の主要コムギ品種の変遷に敏感に反応し，ホロシリコムギが多く作付けされていた1980年代前半までの発生は著しかったが，チホクコムギに取って代わられるようになると被害は激減した(清水，1993)。このことは，抵抗性品種の利用が雪腐病防除のもっとも実際的な方法であることを示す。チホクコムギは概して雪腐病に弱いが雪腐大粒菌核病に対しては比較的抵抗性で，スッポヌケ病に対してもホロシリコムギより強かった。また，近年の道東における根雪の始まりが早くなる傾向も，その発生を低下

図 3-20　山林土壌を用いて造成した２年目のベントグラスグリーンに発生したスッポヌケ病

させる一因になっていると思われる。

2）LTB（*Coprinus psychromorbidus*）

カナダ西部におけるもっとも重要な雪腐病菌は LTB で，植物は菌糸により感染する（Cormack, 1948）。芝草，牧草や冬穀物が LTB の被害を受けるが，LTB は貯蔵中のリンゴにも加害し，さらに枯死植物組織を腐生菌として利用することもできる（Gaudet, 2001）。このような万能性は病原菌を LTB としてひとまとめに扱っているためで，分類学的類別が確立し各菌群を区別することで，生理・生態的性質もより明らかになるものと思われる。

LTB は秋播コムギが少なくとも２年間作付けされなくても生存できる（Piening et al., 1990）。コムギ，アルファルファ，イネ科牧草に対する発病適温は 2℃とされているが（Cormack and Lebeau, 1959），菌株によっては－7～－3℃でもっとも著しい被害を与えるものもある（Gaudet, 1986）。培地上の生育適温は10～15℃である(Smith, 1987)。寡雪年にはカナダのプレリーでは秋播コムギは致死にはいたらないが，－10～－5℃の低温にさらされる。このような条件下でLTBの被害は増大する(Gaudet and Chen, 1988)。また播種当年のアルファルファは致死温度より高い－7.5℃の低温に1～5週間さらされると，死亡率も高まり再生も悪くなった(Hwang and Gaudet, 1998)。LTBは青酸を産生し，また感染アルファルファの冠部に蓄積されることから，青酸が発病に重要な役割を果たしていることが示唆された(Lebeau and Dickson, 1955)。

LTBは胞子を形成せず，菌糸にかすがい結合を有することから担子菌に属すとされ(Broadfoot and Cormack, 1941)，罹病アルファルファに形成された子実体からヒトヨタケの一種と考えられた(Traquair, 1980)。この菌は後に*Coprinus psychromorbidus*と同定された(Readhead and Traquair, 1981)。LTBとして培養形態に基づき従来3つのグループに分けられていた(Ward et al., 1961)*C. psychromorbidus*は，交配試験とDNAの解析により少なくとも4つに分けられることが明らかになった(Laroche et al., 1995)。

[引用文献]

天野洋一・尾関幸夫(1981)秋播小麦の雪腐病抵抗性と耐凍性育種Ⅰ. 検定法の改善と抵抗性育種への適用. 北海道立農試集報 46：12-21.

荒木隆男(1975)北海道における牧草雪腐病の多発. 植物防疫 29：484-488.

Årsvoll K (1976) *Sclerotinia borealis*, sporulation, spore germination and pathogenesis. Meld. Norg. LandbrHøgsk. 55(13): 11pp.

Årsvoll K and Smith JD (1978) *Typhula ishikariensis* and its varieties, var. *idahoensis* comb. nov. and var. *canadensis* var. nov. Can. J. Bot. 56: 348-364.

明日山秀文(1940)*Fusarium nivale* (Fr.) Ces.〔*Calonectria graminicola* (Berk. Er Br.) Wr.〕に因る小麦葉の斑紋. 日植病報 10：51-54.

Berthier J (1976) Monographie des *Typhula* Fr., *Pistillaria* Fr. et genres voisins. Bull. Soc. Lin. Lyon. numéro spécial 214pp.

Booth RH and Taylor GS (1976a) *Fusarium* diseases of cereals X. Straw debris as a source of inoculum for infection of *Fusarium nivale* in the field. Trans. Br. Mycol. Soc. 66: 71-75.

Booth RH and Taylor GS (1976b) *Fusarium* diseases of cereals XI. Growth and saprophytic activity of *Fusarium nivale* in soil. Trans. Br. Mycol. Soc. 66: 77-83.

Broadfoot WC and Cormack (1941) A low-temperature basidiomycete causing early spring killing of grasses and legumes in Alberta. Phytopathology 31: 1058-1059.

Bruehl GW (1988) *Typhula* spp., the snow mold fungi. Adv. Plant Pathol.6: 553-559.

Bruehl GW and Cunfer BM (1975) Typhula species pathogenic to wheat in the Pacific Northwest. Phytopathology 65: 755-760.

Bruehl GW and Machtmes R (1978) Incompatibility alleles of *Typhula incarnata*. Phytopathology 68: 1311-1313.

Bruehl GW and Machetmes R (1979) Alleles of the incompatibility factors of *Typhula ishikariensis*. Can. J. Bot. 57: 1252-1254.

Bruehl GW and Machtmes R (1980) Cultural variation within *Typhula idahoensis* and *T. ishikariensis* and the species concept. Phytopathology 70: 867-871.

Bruehl GW, Machtmes R and Kiyomoto R (1975) Taxonomic relationships among Typhula species as revealed by mating experiments. Phytopathology 65: 1108-1114.

Bruehl GW, Machtmes R, Kiyomoto R and Christen A (1978) Incompatibility alleles and fertility of *Typhula idahoensis*. Phytopathology 68: 1307-1310.

Buller AHR (1931) The effect of diploid on haploid mycelia in *Coprinus lagopus*, and the biological significance of conjugate nuclei in the hymenomycetes and other higher fungi. *In* Researches on Fungi vol. IV. pp. 187-293. Longmans, Green and Co., London.

Cavelier M (1986) Contribution des basidiospores au potential d'inoculum de *Typhula incarnata* Lasch ex Fries. Med. Fac. Landouww. Rijksuniv. Gent, 51: 547-555.

Cavelier M and Maroquin C (1978) Interférence d'une épidémie provoqée pour la premiére fois en Belgique par *Typhula incarnata* Lasch ex Fr. et d'une recrudescence de la jaunisse nanisante de l'orge sur sur escourgeon. Charactérisation des symtômes et evaluation de leurs incidences respectives sur les rendements. Parasitica 34: 277-295.

Chang SW, Scheef E, Abler RAB, Thomson S, Johnson P and Jung G (2006) Distribution of *Typhula* spp. and *Typhula ishikariensis* varieties in Wisconsin, Utah, Michigan, and Minnesota. Phytopathology 96: 926-933.

Christen AA and Bruehl GW (1979) Hybridization of *Typhula ishikariensis* and *T. idahoensis*. Phytopathology 69: 263-266.

Cook RJ (1981) Fusarium diseases of wheat and other small grains in North America. *In* eds. Nelson PE, Toussoun TA & Cook RJ, *Fusarium* Diseases, Biology, and Taxonomy. pp. 39-52. Pennsylvania State Univ. Press, University Park.

Cook RJ and Bruehl GW (1966) *Calonectria nivalis*, perfect stage of *Fusarium nivale*, occurs in the field in North America. Phytopathology 56: 1100-1101.

Cook RJ and Bruehl GW (1968) Ecology and possible significance of perithecia of *Calonectria nivalis* in the Pacific Northwest. Phytopathology 58: 702-703.

Cormack MW (1948) Winter crown rot or snow mold of alfalfa, clovers, and grasses in Alberta. I. Occurrence, parasitism, and spread of the pathogen. Can. J. Res. Sect. C 26: 71-85.

Cormack MW and Lebeau JB (1959) Snow mold infection of alfalfa, grasses, and winter wheat by several fungi under artificial conditions. Can. J. Bot. 37: 685-693.

Cunfer BM (1974) Sexual incompatibility and aspects of the mono- and dikariyotic phases of *Typhula idahoensis*. Phytopathology 64: 123-127.

Cunfer BM and Bruehl GW (1973) Role of basidiospores as propagules and observations on sporophores of *Typhula idahoensis*. Phytopathology 63: 115-120.

Davidson RM and Bruehl GW (1972) Factors affecting the effectiveness of sclerotia of *Typhula idahoensis* as inoculum. Phytopathology 62: 1040-1045.

Detiffe H, Maraite H and Meyer JA (1985) Facteurs affectant la formation et l'orientation des cordons mycēliens lors de la germination des sclērotes de *Typhula incarnata* Lasch ex Fries. Parasitica 41: 3-12.

Ergon A, Klemsdal AA and Tronsmo AM (1998) Interaction between cold hardening and *Microdochium nivale* infection on expression of pathogenesis-related genes in winter wheat. Physiol. Mol. Plant Pathol. 53: 301-310.

Ergon A and Tronsmo AM (2006) Components of pink snow mould resistance in winter wheat are expressed prior to cold hardening and in detached leaves. J. Phytopathol. 154: 134-152.

Gams W and Müller E (1980) Conidiogenesis of Fusarium nivale and Rhynchosporium oryzae and its taxonomic implications. Neth. J. Pl. Path. 86: 45-53.

Gaudet DA (1986) Effect of temperature on pathogenicity of sclerotial and nonsclerotial isolates of *Coprinus psychromorbidus* under controlled conditions. Can. J. Plant Pathol. 8: 394-399.

Gaudet DA (2001) The low temperature basidiomycetes. *In* eds. Iriki N, Gaudet DA, Tronsmo AM, Matsumoto N, Yoshida M and Nishimune A, Low temperature Plant Microbe Interactions under Snow. pp. 37-48. Hokkaido Natl. Agric, Exp. Stn., Sapporo.

Gaudet DA and Chen THH (1988) Effect of freezing tolerance and low temperature stress on development of cottony snow mold *Copriuns psychromorbidus* in winter wheat. Can. J. Bot. 66: 1610-1615.

Glynn NC, Hare MC, Parry DW and Edwards SG (2005) Phylogenetic analysis of EF-1 alfa gene sequences from isolates of *Microdochium nivale* leads to elevation of varieties *majus* and *nivale* to the species status. Mycol. Res. 109: 872-880.

Groves JW and Bowerman CA (1955) *Sclerotinia borealis* in Canada. Can. J. Bot. 33: 591-594.

Hewett PD (1983) Seed-borne *Gerlachia nivalis* (*Fusarium nivale*) and reduced establishment of winter wheat. Trans. Br. Mycol. Soc. 80: 185-186.

Hindorf H (1980a) Zum auftreten der sporophoren von *Typhula incarnata* im rheinischen wintergersten-anbau. Z. PflKrankh. PflSchutz. 87: 501-508.

Hindorf H (1980b) Bedeutung der sporophoren von *Typhula incarnta* Lasch ex Fr. für die ausbreitung der wintergersten-fäule. Med. Fac. Landbouww. Rijksuniv. Gent, 45: 121-127.

平根誠一(1960)麦類褐色雪腐病菌の研究，特に病原菌の分類について．日菌報 11：82-87.

Hoshino T, Tojo M, Okada G, Kanda H, Ohgiya S and Ishizaki K (1999) A filamentous fungus, *Pythium ultimum* Trow var. *ultimum*, isolated from moribund moss colonies from Svalbard, northern islands of Norway. Polar Biosci. 12: 68-75.

Hoshino T, Tojo M and Tronsmo AM (2000) *Pythium* blight of moss colonies (*Sanionia uncinata*) in Finnmark. Polarflokken 24: 161-164.

Hoshino T, Kiriaki M, Yumoto I and Kawakami A (2004a) Genetic and biological characteristics of *Typhula ishikariensis* from northern Iceland. Acta Bot. Isl. 14: 59-70.

Hoshino T, Tkachenko OB, Kiriaki M, Yumoto I and Matsumoto N (2004b) Winter damage caused by *Typhula ishikariensis* biological species I on conifer seedlings and hop roots collected in the Volga-Ural regions of Russia. Can. J. Plant Pathol. 26: 391-396.

Hoshino T, Asef MR, Fujiwara M, Yumoto I and Zare R (2007) One of the southern limits of geographic distribution of sclerotium forming snow mould fungi: first records of *Typhula* species from Iran. Rostaniha 8: 35-45.

Hoshino T, Xiao N and Tkachenko OB 2009. Cold adaptation in phytopathogenic fungi causing snow molds. Mycoscience 50: 26-38.

Hsiang T and Wu C (2000) Genetic relationships of pathogenic *Typhula* species assessed by RAPD, ITS-RFLP and ITS sequencing. Mycol. Res. 104: 16-22.

Hwang SF and Gaudet DA (1998) Effects of low-temperature stress on development of winter crown rot in first-year alfalfa. Can. J. Plant Sci. 78: 689-695.

Ichitani T, Takamatsu S and Stamps DJ (1986) Identification and pathogenicity of three species of *Pythium* newly isolated from diseased wheat and barley just after thawing in Japan. Ann. Phytopath. Soc. Japan 52: 209-216.

Imai S (1930) On the Clavariaceae of Japan. II. Transact. Sapporo Nat. Hist. Soc. 11: 70-77.

Jacobs DL and Bruehl GW (1986) Saprophytic ability of *Typhula incarnata*, *T. idahoensis*, and *T. ishikariensis*. Phytopathology 76: 695-698.

Kiyomoto RK and Bruehl GW (1976) Sexual incompatibility and virulence in *Typhula idahoensis*. Phytopathology 66: 1001-1006.

Kohn LM (1979) Delimitation of the economically important plant pathogenic *Sclerotinia* species. Phytopathology 69: 881-886.

Laroche A, Gaudet DA, Schaalje GB, Erickson RS, and Ginns J (1995) Grouping and identification of low temperature basidiomycetes using mating, RAPD and RFLP analyses. Mycol. Res. 99: 297-310.

Lebeau JB and Dickson JG (1955) Physiology and nature of disease development in winter crown rot of alfalfa. Phytopathology 45: 667-673.

Lēvesque CA and De Cock WAM (2004) Molecular phylogeny and taxonomy of the genus *Pythium*. Mycol. Res. 108: 1363-1383.

Lees AK, Nicholson P, Rezanoor HN and Parry DW (1995) Analysis of variation within *Microdochium nivale* from wheat: evidence for a distinct sub-group. Mycol. Res. 99: 103-109.

Lipps PE (1980) A new species of *Pythium* isolated from wheat beneath snow in Washington. Mycologia 72: 1127-1133.

Lipps PE and Bruehl GW (1978) Snow rot of winter wheat in Washington. Phytopathology 68: 723-726.

Litschko L and Burpee LL (1987) Variation among isolates of *Microdochium nivale* collected from wheat and turfgrass. Trans. Br. Mycol. Soc. 89: 252-256.

Mahuku GS, Hsiang T and Yang L (1998) Genetic diversity of *Microdochium nivale*

isolates from turfgrass. Mycol. Res. 102: 559-567.
松本直幸(1989)雪腐小粒菌核病菌の種生態学的研究. 北海道農試研報 152：91-162.
松本直幸(1997)雪腐病菌における進化・適応. 土と微生物 50：13-19.
松本直幸(2008)晩秋における雪腐黒色小粒菌核病菌生物型Aの菌核不発芽. 日植病報 74：212.
Matsumoto N and Araki T (1982) Field observation of snow mold pathogens of grasses under snow cover in Sapporo. Res. Bull. Hokkaido Natl. Agric. Exp. Stn. 135: 1-10.
Matsumoto N and Sato T (1982) The saprophytic competitive abilities of *Typhula incarnata* and *T. ishikariensis*. Ann. Phytopath. Soc. Japan 48: 419-424.
Matsumoto N and Sato T (1983) Niche separation in the pathogenic species of *Typhula*. Ann. Phytopath. Soc. Japan 49: 293-298.
Matsumoto N and Tajimi A (1985) Field survival of sclerotia of *Typhula incarnata* and of *T. ishikariensis* biotype A. Can. J. Bot. 63: 1126-1128.
Matsumoto N and Tajim A (1989) Incompatibility alleles in populations of *Typhula incarnata* and *T. ishikariensis* biotype B in an undisturbed habitat. Tran. Mycol. Soc. Japan 30: 373-376.
Matsumoto N and Tajimi A (1991) *Typhula ishikariensis* biotypes B and C, a single biological species. Trans. Mycol. Soc. Japan 32: 273-281.
Matsumoto N and Tajimi A (1993a) Effect of cropping history on the population structure of *Typhula incarnata* and *Typhula ishikariensis*. Can. J. Bot. 71: 1434-1440.
Matsumoto N and Tajimi A (1993b) Interfertility in *Typhula ishikariensis* biotype A. Trans. Mycol. Soc. Japan 34: 209-213.
Matsumoto N and Tronsmo AM (1995) Population structure of *Typhula ishikariensis* in meadows and pastures in Norway. Acta. Agric. Scand. Sect. B, Soil and Plant Sci. 45: 197-201.
Matsumoto N, Sato T and Araki T (1982) Biotype differentiation in the *Typhula ishikariensis* complex and their allopatry. Ann. Phytopath. Soc. Japan 48: 275-280.
Matsumoto N, Sato T, Akaki T and Tajimi A (1983) Genetic relationships within the *Typhula ishikariensis* complex. Trans. Mycol. Soc. Japan 24: 313-318.
Matsumoto N, Abe J and Shimanuki T (1995) Variation within isolates of *Typhula incarnata* from localities differing in winter climate. Mycoscience 36: 155-158.
Matsumoto N, Tronsmo AM and Shimanuki T (1996a) Genetic and biological characteristics of *Typhula ishikariensis* isolates from Norway. Europ. J. Plant Pathol. 102: 431-439.
Matsumoto N, Uchiyama K, and Tsushima S (1996b) Genets of *Typhula ishikariensis* biotype A belonging to a vegetative compatibility group. Can. J. Bot. 74: 1695-1700.
Matsumoto N, Kawakami A, and Izutsu S (2000) Distribution of *Typhula ishikariensis* biotype A isolates belonging to a predominant mycelial compatibility group. J. Gen. Plant Pathol. 66: 103-108.
Matsumoto N, Hoshino T, Yamada G, Kawakami A and Hoshino-Takada Y (2010) Sclerotia of *Typhula ishikariensis* biotype B (Typhulaceae) from archaeological sites (4000 to 400BP) in Hokkaido, Northern Japan. Amer. J. Bot. 97: 433-437.
McDonald WC (1961) A review of the taxonomy and nomenclature of some low-

temperature forage pathogens. Can. Plant Dis. Survey 41: 256-260.

Millar CS and Colhoun J (1969) *Fusarium* diseases of cereals VI. Epidemiology of *Fusarium nivale* on wheat. Trans. Br. Mycol. Soc. 52: 195-204.

Millett SM (1999) Distribution, biological and molecular characterization, and aggressiveness of Typhula snow molds of Wisconsin golf courses. University of Wisconsin-Madison Dissertation. 240pp.

中島隆・内藤繁男(1995)小麦紅色雪腐病の発病に及ぼす土壌タイプの影響. 北日本病虫研報 46：42-44.

Nakajima T (2007) Making evidence-based good agricultural practice for the reduction of mycotoxin contamination in cereals. Good Agricultural Practice (GAP) in Asia and Oceanea. Food and Fertilizer Technology Center 9: 111-120.

Nicolson P, Lees AK, Maurin N, Parry DW and Rezanoor HN (1996) Development of a PCR assay to identify and quantify *Microdochium nivale* var. *nivale* and *Microdochium nivale* var. *majus* in wheat. Physiol. Mol. Plant Pathol. 48: 257-271.

Nissinen O (1996) Analyses of climatic factors affecting snow mould injury in first-year timothy (*Phleum pratense* L.) with special reference to *Sclerotinia borealis*. Acta Univ. Oul A 289: 1-115.

Noble M and Montgomerie IG (1956) *Griphosphaeria nivalis* (Schaffnit) Müller and von Arx and *Loptoshaeria avenaria* Weber on oats. Trans. Br. Mycol. Soc. 39: 449-459.

Olariaga I, Ryman S and Salcedo I (2008) Lectotypification of *Typhula graminum* and description of *T. berthieri* sp. nov. Cryptogamie. Mycologie 29: 145-155.

尾崎政春(1979)オーチャードグラス雪腐大粒菌核病の発生生態. 北海道立農試集報 42：55-65.

Perry DA (1986) Pathogenicity of *Monographella nivalis* to spring barley. Trans. Br. Mycol. Soc. 86: 287-293.

Piening LJ, Orr DD and Bhalla M (1990) Survival of *Copriunus psychromorbidus* under continuous cropping. Can. J. Plant Pathol. 12: 217-218.

Purdy LH (1979) *Sclerotinia sclerotiorum*: diseases and symptomatology, host range, geographic distribution, and impact. Phytopathology 69: 875-880.

Readhead SA and Traquir JA (1981) *Coprinus* sect. Herbicolae from Canada, notes on extralimital taxa, and the taxonomic position of a low temperature basidiomycete crop pathogen from western Canada. Mycotaxon 13: 373-404.

Remsberg RE (1940a) Studies in the genus *Typhula*. Mycologia 32: 52-96.

Remsberg RE (1940b) The snow molds of grains and grasses caused by *Typhula itoana* and *Typhula idahoensis*. Phytopathology 30: 178-180.

Röed H (1960) *Sclerotinia borealis* Bub. & Vleug., a cause of winter injuries to winter cereals and grasses in Norway. Acta Agric. Scand. 10: 74-82.

Røed H (1969) Et bidrag til oppklaring av forholdet mellom *Typhula graminum* Karst. og *Typhula incarnata* Lasch ex Fr. Friesia 9: 219-225.

Saito I (1988) The influence of the position of sclerotial inoculums on the effectiveness of fungicides for the control of *Typhula ishikariensis* in fields of winter wheat. Abstract of 5th International Congress of Plant Pathology: 202.

Saito I (1997) *Sclerotinia nivalis*, sp. nov, the pathogen of snow mold of herbacious dicots in northern Japan. Mycoscience 38: 227-236.

Saito I (1998) Non-gramineous hosts of *Myriosclerotinia borealis*. Mycoscience 39: 145-153.

Saito I (2001) Snow mold fungi in the Sclerotiniaceae. *In* eds. Iriki N, Gaudet DA, Tronsmo AM, Matsumoto N, Yoshida M and Nishimune A, Low temperature Plant Microbe Interactions under Snow. pp. 37-48. Hokkaido Natl. Agric, Exp. Stn., Sapporo.

斉藤泉(2006)雪腐病を起こす低温性 Sclerotinia の種と種内分化. 日本植物病理学会北海道部会年報 33：13-19.

Saito I and Tkachenko OB (2003) Low temperature species of *Sclerotinia* causing plant diseases in winter. *In* eds. Huang HC and Acharya SN, Advances in Plant Disease Management. pp. 195-214. Research Signpost, Kerala.

斉藤泉・Tkachenko OB・国永史朗(2011)広義の *Sclerotinia* 属における *Sclerotinia borealis* の種形質について. 第 55 回日本菌学会大会講演要旨集：60.

Samuels GJ and Hallett IC (1983) *Microdochium stoveri* and *Monographella stoveri*, new combinations for *Fusarium stoveri* and *Micronectriella stoveri*. Trans. Br. Mycol. Soc. 81: 473-483.

佐藤友昭・阿部隆斉・餌取率子・谷英雄・山川政明・森本正隆(2009)十勝地方日高山麓地帯のチモシー草地に発生した冬枯れ症状について. 北海道草地研究会報 43：43.

Schneider EF and Seaman WL (1986) *Typhula phacorrhiza* on winter wheat. Can. J. Plant Pathol. 8: 269-276.

Scott SW (1981) Separation of Sclerotinia isolates collected from three herbage legume hosts. Trans. Br. mycol. Soc. 76: 321-323.

Scott SW (1984) Clover rot. Bot. Rev. 50: 491-504.

清水基滋(1993)コムギスッポヌケ病の防除法―スッポヌケ病は近年なぜ発生が少ないか. 北農 60：298-303.

清水基滋・宮島邦之(1990)秋播きコムギのスッポヌケ症(仮称)について. 日植病報 56：141-142.

清水基滋・宮島邦之(1992a)コムギスッポヌケ症の発生分布について. 日植病報 58：147-148.

清水基滋・宮島邦之(1992b)コムギスッポヌケ症の病原菌とカナダ産 LTB との比較. 日植病報 58：148.

Sinadoskii YV and Tkachenko OB (1981) Corrective to the taxonomic position of Typhula blight of tulips. Mycol. Phytopathol. 15: 423-425. (in Russian).

Smith JD (1983) *Fusarium nivale* (*Gerlachia nivalis*) from cereals and grasses: Is it the same fungus? Can. Pl. Dis. Surv. 63: 25-26.

Smith JD (1987) Winter-hardiness and overwintering diseases of amenity turfgrasses with special reference to the Canadian Prairies. Agriculture Canada Tech. Bull. 1987-12E, 193pp.

高松進(1990)ムギ類褐色雪腐病菌のすみわけとその要因. 植物防疫 44：7-10.

高松進(1993)水田・畑および水田転換畑の土壌中における麦類褐色雪腐病菌の垂直分布. 福井農試報告 30：27-36.

Takamatsu S and Ichitani T (1987a) Detection of Pythium snow rot fungi in deased leaves of wheat and barley grown in paddy fields and upland fields. Ann. Phytopath. Soc. Japan 53: 56-59.

Takamatsu S and Ichitani T (1987b) Detection of Pythium snow rot fungi in the soils having no cultivation history of wheat and barley. Ann. Phytopath. Soc. Japan 53: 650-654.

Takamatsu S and Takenaka S (2001) Snow rot caused by *Pythium* species. *In* eds. Iriki N, Gaudet DA, Tronsmo AM, Matsumoto N, Yoshida M and Nishimune A, Low temperature Plant Microbe Interactions under Snow. pp. 87-100. Hokkaido Natl. Agric, Exp. Stn., Sapporo.

Takenaka S and Arai M (1993) Dynamics of three snow mold pathogens *Pythium paddicum*, *Pythium iwayamai*, and *Typhula incarnata* in barley plant tissues. Can. J. Bot. 71: 757-763.

田中文夫・斉藤泉・宮島邦之・土屋貞夫・坪木和男(1983)チオファネートメチル耐性コムギ紅色雪腐病の発生. 日植病報 46：565-566.

Tani T and Beard JB (1997) Microdochium patch. *In* Color Atlas of Turfgrass Diseases — Disease Characteristics and Control. pp. 125-127. Ann Arbor, Chelsea.

田杉平司(1936)麦類雪腐病に就いて. 日植病報 6：155-156.

寺見文宏・川上顕(2006)紅色雪腐病 *Microdochium nivale* の2変種の北海道における分布と生育速度の多様性. 日植病報 72：203.

Tkachenko OB (1984) Behaviour of *Typhula ishikariensis* sclerotia in soil. Proc. Young Specialists Conference, Moscow: 60-63.

Tkachenko OB, Matsumoto N and Shimanuki T (1997) Mating patterns of east-European isolates of *Typhula ishikariensis* S. Imai with isolates from distant regions. Mycol. Phytopathol. 31: 68-72.

Tkachenko OB, Saito I and Novozhilova OA (2003) A new snow mold *Sclerotinia* fungus in Russia. J. Russian Phytopathol. Soc. 4: 59-67.

Todd NK and Rayner ADM (1980) Fungal individualism. Sci. Prog., Oxf. 66: 331-354.

Tojo M, van West P, Hoshino T, Kida K, Fujii H, Hakoda A, Kawaguchi Y, Mühlhauser HA, van den Berg AH, Küpper FC, Herrero ML, Klemsdal SS, Tronsmo AM and Kanda H (2012) *Pythium polare*, a new heterothallic oomycete causing brown discolouration of *Sanionia uncinatau* in the Arctic and Antarctica. Fungal Biol. 116: 756-768.

冨山宏平(1955)麦類雪腐病に関する研究. 北海道農試報告 47：1-234.

Traquair JA (1980) Conspecificity of an unidentified snow mold basidiomycete and a *Coprinus* species in the section *Herbicolae*. Can. J. Plant Pathol. 2: 105-115.

Vergara GV, Bughrara SS and Jung G (2004) Genetic variability of grey snow mould (*Typhula incarnata*). Mycol. Res. 108: 1283-1290.

Ward EWB, Lebeau JB and Cormack MW (1961) Grouping of isolates of a low-temperature basidiomycete on the basis of cultural behavior and pathogenicity. Can. J. Bot. 39: 297-306.

Woodbridge B and Coley-Smith JR (1991) Identification and characterization of isolates of *Typhula* causing snow rot of barley in the United Kingdom. Mycol Res. 95: 995-999.

Wu C and Hsiang T (1998) Pathogenicity and formulation of *Typhula phacorrhiza*, a biocontrol agent of gray snow mold. Plant Dis. 82: 1003-1006.

山名利一(2012)高うね処理によるコムギ雪腐大粒菌核病の発生促進法の再評価. 北日本病

虫研報 63：27-31.
Yang Y, Chen F and Hsiang T (2006) Fertile sporopore production of *Typhula phacorrhiza* in the field is related to temperatures near freezing. Can. J. Microbiol. 52: 9-15.

第4章　抵抗性

雪腐病が発生する圃場において系統間の比較をすることがもっとも確実な抵抗性評価法である。雪腐黒色小粒菌核病が自然発生する北海道農業研究センター(旧北海道農業試験場)からは多くの雪腐病抵抗性アルファルファ系統が選抜された。

植物は病原菌の侵入に対し積極的に対抗する方策を持っている。植物が休眠して過ごす積雪下においては，植物は雪腐病菌の侵害をひたすら耐え忍び，いかに萌芽のためのエネルギー(貯蔵養分)を融雪まで保持するかにかかっていると考えられていた。しかし，植物は貯蔵養分を抵抗反応のエネルギーとしても積極的に利用し，抵抗反応は通常の宿主・病原菌相互作用で見られるものと基本的に同じであることがわかってきた。一般に宿主の生理的状態は病害抵抗性を左右するが，雪腐病においてこのことは極めて重要である。そのために植物は根雪前に十分な養分をためておく必要がある。越冬性植物は秋の低温を認識して低温馴化(ハードニング)し，冬に備える。その過程で耐凍性や耐雪性に加え，雪腐病抵抗性も獲得する。そのメカニズムも明らかになってきた。これらの知見は抵抗性育種を推進する上で必須である。

雪腐病抵抗性の研究は，秋播コムギでは増収と共に農薬散布量の低減・環境保全に，牧草では１番草の収量増や利用年限の延長に，育種・栽培を通じて寄与しうる。コムギの雪腐褐色小粒菌核病抵抗性は，茎葉の乾物率や糖含量と密接な関係があることは古くから知られ，抵抗性は越冬中の宿主植物の生理的衰弱に伴い低下する(柿崎，1936；平井ほか，1952)。冨山(1955)は，コムギの葉序間には本病に対する抵抗性に差があり，下位の老化葉ほど菌は速く伸展し，病斑の大きさには品種抵抗性の強弱が反映されることを実験的に明らかにした。また雪腐褐色小粒菌核病菌の葉身侵入速度にも品種間差が見られる(Takenaka and Yoshino, 1987)。抵抗性そのものに関しては，最近になってようやく一般の病害と同じように，宿主植物は雪腐菌の侵入に積極的に対抗するメカニズムを持っていることが判明した(Ergon et al., 1998；川上，2003；Gaudet et al., 2003b)。一般に宿主の生理的状態は病害抵抗性を左右するが，雪腐病においては極めて重要である。すなわち，宿主植物は，積雪下で光合成を妨げられ生理的に消耗するなかで，病原菌の感染に対抗するエネルギー源として貯蔵養分を利用するからである。そのために植物は根雪前に十分な養分をためておく必要がある。越冬性植物は秋の低温を認識して低温馴化(ハードニング)し，冬に備える。その過程で耐凍性や耐雪性に加え，雪腐病抵抗性も獲得する(吉田ほか，1998；Gaudet et al., 1999)。ハードニングされたチモシー実生を12～18°Cの温度に１，２週間さらす(デハードニング)と，耐凍性は失われるが，雪腐黒色小粒菌核病に対する抵抗性は維持されるので，ハードニングにより雪腐病抵抗性と耐凍性のふたつの異なるメカニズムが同時に誘起されることが示唆されている(図4-1，Tronsmo, 1985)。

1. 圃場からの事実

雪腐病抵抗性について草種間・品種間差異があることはさまざまな作物で知られている(たとえば　Vargas et al., 1972；Smith, 1975；安達ほか，1976；国井，1978；Litschko et al., 1988；Nakayama and Abe, 1996；Wang et al., 2005；Bertrand et al., 2009)。また，播種期(Bruehl et al., 1975；国井，1980；高松ほか，1985)によ

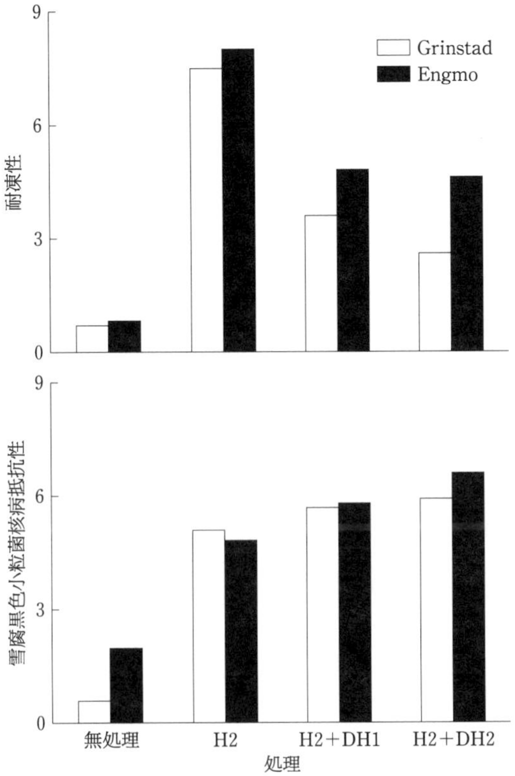

図 4-1　チモシー2品種における，デハードニング処理の耐凍性(上)および雪腐病抵抗性に及ぼす影響の違い(Tronsmo, 1985 より作図)。H2：2週間ハードニング，H2＋DH1：2週間ハードニングの後，1週間デハードニング，H2＋DH2：2週間ハードニングの後，2週間デハードニング

り，雪腐病に対する抵抗性は変化する。適期に播種することは，雪腐病の重要な耕種的防除手段となる。2007年に更新された十勝地方のチモシー新播草地において，翌春雪腐大粒菌核病が大発生した事例(佐藤ほか，2009)は播種期の重要性を示す。被害の最大の原因は，播種期の遅れとされている。チモシー栽培において確立された播種適期が，前作との関係や夏期の高温傾向などで，近年は遅れる傾向にあり，耕種的な防除慣行が行われなくなっている。

コムギでは，早く播種した大きい植物ほど雪腐病に抵抗性である(Bruehl,

1967c)。Bruehl et al.(1975)は，米国ワシントン州において秋播コムギの播種時期を検討するなかで，非常に遅く(10月下旬)播種しても植物は雪腐病の被害を受けず，翌春の生存率が高くなることを発見した(図4-2)。しかし，この栽培法では，春播コムギに比べて多収であるという秋播コムギの利点が打ち消されてしまうと結論した。一方，佐々木ほか(1991)，および佐藤・沢口(1998)は，春播コムギを根雪前に播種し出芽させないか，出芽直後に根雪になるような条件で播種する(初冬栽培)ことで，越冬性を高め，かつ増収効果のある栽培法を確立した。

雪腐病にはいくつかの種類があるが，雪腐黒色小粒菌核病菌，雪腐褐色小粒菌核病菌，および紅色雪腐病菌に対し秋播コムギ品種・系統は同じように反応し(Bruehl, 1967a)，また寄生性の分化はこれらの菌においては認められていない(Bruehl, 1967b)。このことは，抵抗性育種を進める上で，これら3種の病気を区別する必要はなく，また抵抗性品種を侵すレースの出現もないことを意味する。しかし紅色雪腐病菌に関しては，特定の品種・系統を侵害する菌系が発生する可能性がある(第3章参照)。

天野・尾関(1981)は，雪腐小粒菌核病に抵抗性のコムギ系統が雪腐大粒菌

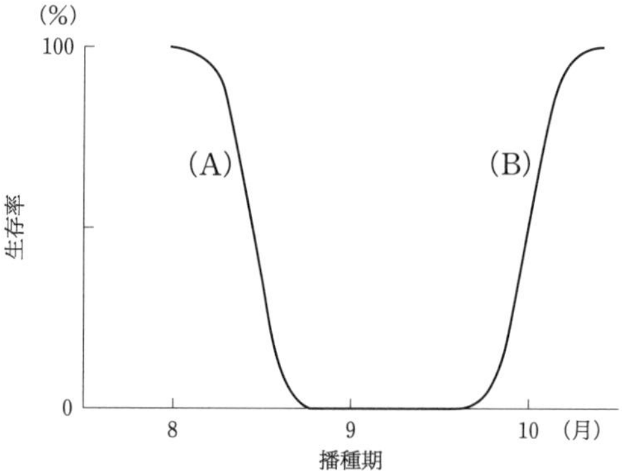

図4-2　播種期の違いが翌春の秋播コムギ生存に及ぼす影響(Bruehl et al., 1975のデータ図に基づく概念図)。8月に早播した大きい植物はよく生存するが，9月に播種すると生存率は低下する(曲線部A)。しかし，10月後半に播種した非常に小さい植物もよく越冬する(曲線部B)。

核病に罹病することを明らかにした。そして，秋播コムギの越冬性に関して圃場検定に基づき，品種を以下の4つの群に分けた(天野，1987)。A群：非耐冬型，B群：耐凍型，C群：中間型，およびD群：耐雪型(*Typhula* spp.抵抗性)。雪腐大粒菌核病抵抗性は，一般に耐凍性と関連があるといわれているが，B群のなかには耐凍性が高くても本病に対しあまり強くない品種や抵抗性の品種でも耐凍性はむしろ低いと判定された品種が含まれている。

また，褐色雪腐病に対する抵抗性も，上記雪腐病抵抗性とは異なる。Lipps and Bruehl(1980)は，雪腐小粒菌核病などに抵抗性の貯蔵養分を多量に蓄積している大きい植物ほど褐色雪腐病に弱く，小さい植物の方がより強い抵抗性を示すことを報告している。高松ほか(1985)も同様の傾向を認めた。

2. 室内検定

雪腐病菌の感染には低温が必要である。Wernham and Chilton(1943)は種々のイネ科植物の雪腐小粒菌核病菌に対する反応を2～8°Cの人工環境下で明らかにした。このような室内検定は抵抗性育種をすすめる上で有効である。Cormack and Lebeau(1959)による人工環境下における接種試験結果は，圃場の観察結果に一致した。彼らは雪腐小粒菌核病菌やLTBの接種には成功したが，雪腐大粒菌核病の発病にはいたらなかった。雪腐大粒菌核病菌の接種には子のう胞子の噴霧が有効である(Årsvoll, 1977)。その後Bruehl et al.(1966)はsnow mold chamber法を考案し，抵抗性の強いコムギ品種を弱いものから区別しようとした。その後も室内検定は多数のサンプルを季節を問わず評価できるので，さまざまな作物で行われている(たとえば Blomqvist and Jamalainen, 1968; Gaudet and Kozub, 1991; Tronsmo, 1993; Miedaner et al., 1993; Chang et al., 2006)。これらの方法では植物を予めハードニングさせ，しかも氷点近くの低温で接種するので，判定にかなりの日数を要する。Nakajima and Abe(1990)は，紅色雪腐病や雪腐褐色小粒菌核病に対する抵抗性評価に要する期間を短縮するため，人工培養土に播種し野外でハードニングさせた秋播コムギにこれらの雪腐病菌を接種して，5～18°Cで培養した。その結果，

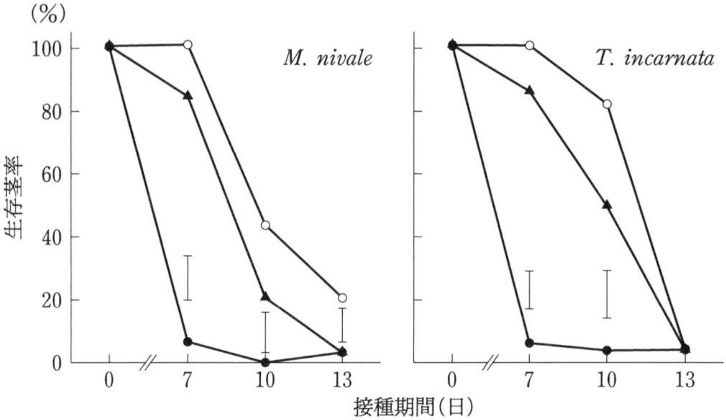

図 4-3　18°Cで紅色雪腐病菌（*M. nivale*）あるいは雪腐褐色小粒菌核病菌（*T. incarnata*）を接種した秋播コムギ 3 品種の生存（Nakajima and Abe, 1990）。○PI173438（抵抗性強），▲ナンブコムギ（中），●フクホコムギ（弱）

18°Cでは培養 7～10 日後で明瞭な品種間差を検出することが可能になった（図 4-3）。また，紅色雪腐病菌を用いた試験では，培養温度を 15°Cにすると 7 つの品種を区別することができた。完全に室内で植物を栽培し，より清潔な条件を確保することで，より低温を好む雪腐黒色小粒菌核病に対する品種間差異も検出可能になる（Kawakami and Abe, 2003）。

3. 抵抗性メカニズム

1）ハードニング

圃場で栽培した秋播コムギのハードニングレベルを耐凍性で評価したところ，日最低気温が低いほど強くハードニングされた（Abe and Yoshida, 1997）。このようにハードニングは気温の低下により誘導・強化され，植物体内にはさまざまな生理的変化が起こる（Paulsen, 1968）。ハードニングは土壌の栄養条件にも大きく影響される（Freyman and Kaldy, 1979）だけでなく，牧草では刈取りという農作業にも左右される。牧草においては危険帯という概念があり，秋の最終刈取り時期によってはハードニング過程が攪乱され，越冬性の低下により雪腐病の被害が加速される（坂本・奥村，1973；Andersen, 1992）。すなわち，完全な休眠状態に入らないうちに刈取ると，植物は覚醒し貯蔵養分を再生につぎ込み，その結果越冬性は低下する。要するに，越冬時の貯蔵養分を低下させない管理が肝要である(阿部，1995b)。

寒地型イネ科牧草(Moriyama et al., 1995)や秋播コムギ(Yoshida et al., 1997)において，ハードニングは10℃以下の低温により誘導され，その過程は水分量の減少を伴い，11月初旬にはプラトーに達する(図4-4A)。耐凍性は真冬に最高となる(図4-4B)。ハードニングの過程は，水分含量と耐凍性の変化を指標にふたつに分けることができる(図4-5，阿部，1995a)。すなわち，植物は自由水を失って，乾物1g当たりの水分含量を3g以下にまで低下させ，(第一ステージ)，その後，植物体内には束縛水のみが残り，急速に耐凍性が高まる(第二ステージ)。第一ステージは気温が氷点下に下がるまでで，その間植物は光合成や水分(自由水)の蒸散を継続し，貯蔵物質を蓄積するとともに，ロゼット化してくる。第二ステージになると水分は低下せず，糖の成分に違いを生じ，秋播コムギでは耐凍型と耐雪型で違いが認められるようになる。耐雪型はフルクタンなどの多糖類を蓄積し続けるが，耐凍型ではフルクタンが分解され，単・少糖が増加し，浸透圧がさらに高まる(Yoshida et al., 1998)。

2) 貯蔵養分

植物は，越冬に先立ちフルクタンなどの非構造性炭水化物(Total Non-structural Carbohydrates, TNC)を蓄積するが，雪腐黒色小粒菌核病菌抵抗性は，TNCの蓄積量そのものとは相関関係がなく，積雪下でのTNC消費速度が抵抗性の重要な要因となっている(Kiyomoto and Bruehl, 1977)。ムギ類およびイネ科牧草では，TNCのほとんどがフルクタンである。湯川・渡辺(1991)は，品種育成の系譜上つながりのあるコムギ品種・系統を用いて，フルクタン含量と越冬性を比較し，両者の間に正の相関関係を認めた。また，Yoshida et al.(1998)により，第二ハードニングステージにおいて，耐雪型と耐凍型で糖類蓄積パターンが異なることが明らかにされ，ふたつの型における糖類代謝に関する酵素系の違いが示唆された。

抵抗性発現のエネルギー利用形態としてのフルクタン動態に関しては，か

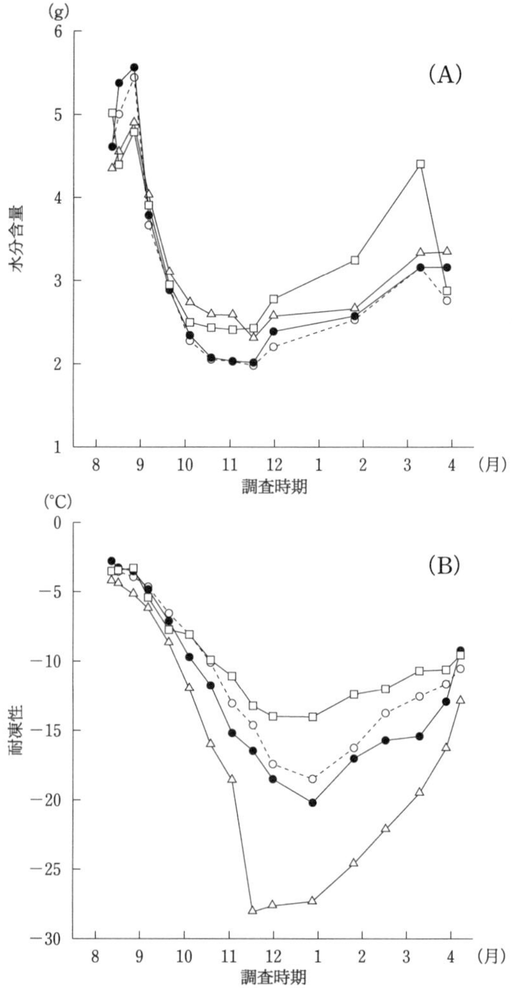

図 4-4　イネ科牧草におけるクラウンの水分含量(A)と耐凍性(B)の季節変化(Moriyama et al., 1995)。水分含量は乾物 1 g 当たりの水分の量，耐凍性は 50%の植物が枯死する温度(LT50)。○●：オーチャードグラス，△：チモシー，□：ペレニアルライグラス

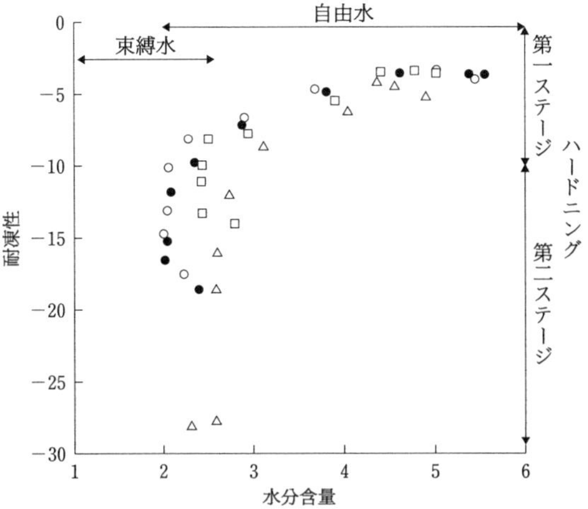

図4-5　イネ科牧草の体内水分動態に基づくふたつのハードニングステージ識別(Moriyama et al., 1995)。体内水分とハードニングステージの識別は(阿部, 1995b)によった。水分含量は乾物1g当たりの水分の量，耐凍性は50％の植物が枯死する温度(LT50)。○●：オーチャードグラス，△：チモシー，□：ペレニアルライグラス

なり明らかになってきた。川上(2003)およびKawakami and Yoshida(2012)は，雪腐黒色小粒菌核病に抵抗性のコムギ系統PI173438と，耐凍性は高いが本病に対しては抵抗性でない品種Valuevskayaを用いて，フルクタン含量の変化を調べた。積雪下50日後のクラウンのフルクタン減少率は，PI173438で35％，Valuevskayaで74％であった。一方，フルクタンの分解産物であるフルクトース量は一定に保たれていた。すなわち，植物は積雪下で貯蔵養分のフルクタンを分解し，代謝エネルギー源として利用するため，一定レベルのフルクトースを維持していると考えられる。また，雪腐黒色小粒菌核病菌接種20日後のクラウンにおけるフルクタン含量は，無接種対照区に比べ，抵抗性系統PI173438では25％，Valuevskayaでは50％にまで低下した。感染は接種後10日頃から始まり，20日後にはかなりの菌糸が葉に蔓延した。葉では，急激なフルクタンの分解が進むと共に，フルクトース含量も減少した。これは，葉での抵抗性反応などによるエネルギー代謝の増

加，雪腐病菌による消費，そして感染による枯死組織からの漏出が関与していると思われた。接種20日後では，菌の感染はクラウンへ拡がっておらず，クラウンのフルクタン減少は雪腐病による消費ではなく，コムギが能動的にフルクタンを分解し，感染に抵抗していると考えられた。フルクタン代謝はハードニングと雪腐病抵抗性の分子生物学的メカニズムを解明する上でさらに研究されなければならない。現在のところ，フルクタン合成・分解に関与するいくつかの酵素について，特徴付けがなされているだけである（Kawakami and Yoshida, 2002, 2005; Kawakami et al., 2005; Kawakami and Yoshida, 2012）。遺伝子組換えが比較的容易なイネにおいては，コムギのフルクタン合成遺伝子を導入すると葉身にフルクタンが蓄積され耐冷性が向上した（Kakakami et al., 2008）。

3）抵抗性反応

植物の能動的なフルクタン分解により得られたエネルギーは，雪腐病に対し積極的に利用され，PR（pathogenesis-related，病原関連）蛋白などが新たに合成される。PR蛋白のなかには，抗菌性と不凍蛋白の両方の性質を兼ね備えているものもある（Kuwabara and Imai, 2009）。Ergon et al.（1998）によれば，秋播コムギにおいて種々のPR蛋白合成が紅色雪腐病菌の感染により誘導され，その反応はハードニングされた植物で速くしかも強かった。ライ麦の紅色雪腐病感染により生じるPR蛋白と低温で誘導されるPR蛋白は電気泳動的に同じで，グルカナーゼやキチナーゼの活性レベルは同程度であったが，これらのうち不凍蛋白としても機能しているのは低温で誘導されるPR蛋白のみであった（Hiilovaara-Teijo et al., 1999）。さらにハードニングやデハードニングにより，秋播コムギのなかではPR蛋白やPAL（phenylalanine ammonia lyase）の転写産物がさまざまに発現し，その量的な変化は冬期後半の雪腐病菌の感染に呼応していると考えられる（Gaudet et al., 2000）。事実ハードニングされたオオムギの葉身において，PALは褐色雪腐病菌の感染に対応して活性が高まる（渡邊ほか，2008）。

植物はPR蛋白以外にも種々の物質を産生し，これらの物質は雪腐病菌にも作用することが示唆されている。生物が低温環境にさらされたときに起こる低温ショック応答に関しては低温ショック蛋白と呼ばれる蛋白が合成されることが知られている。Karlson et al.(2002)はコムギより WCSP1 という新しい蛋白を発見し，この蛋白が高等生物における低温ショック蛋白であることを突き止めた。さらに Kim et al.(2009)は，シロイヌナズナにおいて低温で活発に働く遺伝子 CSP3 がつくる蛋白も同様な働きをしていることを明らかにし，CSP3 遺伝子の高発現によりシロイヌナズナの耐凍性が向上したことを報告している。また，ハードニング処理直後から新規な植物ディフェンシンをコードする遺伝子が検出され，合成された蛋白は細菌(*Pseudomonas cichorii*)の生育を抑制した(Koike et al., 2002)。しかし，不凍蛋白としての活性は示さなかった。雪腐病抵抗性や耐凍性を異にする 5 つのコムギ品種はディフェンシンや脂質転移蛋白(LTP)にも違いが見られた(Gaudet et al., 2003a)。LTP は雪腐病抵抗性の PI181268 において，中程度罹病性の Norstar よりも著しく発現されるので，雪腐病抵抗性に直接関与していると考えられる(Gaudet et al., 2003b)。コムギはハードニング中にシステインプロテイナーゼを特異的に阻害する蛋白シスタチンを合成する(Christova et al., 2006)。シスタチンも紅色雪腐病菌に抗菌性を示すが，詳細は不明である。

さらに，低温に遭遇したコムギからは低分子の抗菌物質 feruloylagmatine が産生されるが(Jin and Yoshida, 2000)，積雪下のコムギからは feruloylagmatine は検出されず，かわりに 2 種類の hydroxycinnamic acid amides が検出された(Jin et al., 2003)。これら 2 種の抗菌物質も紅色雪腐病菌に抗菌性を示すが，積雪下で増加するのが特徴である。

以上，雪腐病抵抗性に関して，個々のメカニズムが明らかにされつつあるが，全体像はまだ完全には明らかにされていない。Gaudet et al.(2003b)は大まかなメカニズムを以下のように考察している。秋の気温低下という穏やかな非生物的ストレスに反応し，植物はまずキチナーゼや β-1-3 グルカナーゼの遺伝子を活性化させ，これらは耐凍性や防御反応の両方の役割を担っている。さらに，雪腐病菌の感染は防御反応に関する転写を誘導し，その反応は強化される。このように非生物的要因と生物的要因は相互に制御し合いながら，積雪下における環境要因の変化に対応して，植物の越冬性を維持している。

4. むすび

病原菌の日和見感染に起因する雪腐病においては，植物の生理的要因(越冬性)が二次的に抵抗性と関連し，宿主・病原菌相互関係の直接的な遺伝的相互関係はなさそうに思われる。すなわち雪腐病では，宿主の越冬性を向上させることが有効な対策となる。植物のハードニングや越冬性のメカニズムを解明することにより，越冬性が何によって決められているのか，越冬性を強化するにはどの遺伝子に注目すべきかなどが分子レベルで明らかになりつつある。このような知見は実際の育種に際してもマーカーとなりうる可能性を秘めている。新しい手法の導入により，育種年限が短縮されることは間違いない。

[引用文献]

阿部二朗(1995a)作物にとって寒さとは何か　ムギ類，牧草の越冬機構．農業および園芸 70：561-564.

阿部二朗(1995b)イネ科植物の耐凍性．北海道芝草研究会報 19：3-10.

Abe J and Yoshida M (1997) Influence of water and air temperature on cold hardiness of wheat. Acta. Agron. Hung. 45: 223-229.

安達篤・宮下淑郎・荒木博(1976)ペレニアルライグラスにおける越冬性の品種間差異について．北海道農試研報 114：173-193.

天野洋一(1987)秋播小麦における耐冬性の育種学的研究．北海道立農試報告 64：79 頁.

天野洋一・尾関幸男(1981)秋播小麦の雪腐病抵抗性と耐凍性育種 I. 検定方法の改善と抵抗性品種分類への適用．北海道立農試集報 46：12-21.

Andersen IL (1992) Winter injuries in grasslands in northern Norway caused by low temperature fungi. Nor. J. Agric. Sci. Suppl. 7: 13-20.

Årsvoll K (1977) Effects of hardening, plant age, and development in *Phleum pretense* and *Festuca pratensis* on resistance to snow mold fungi. Meld. Norg. LandbrHøgsk. 56 (28): 14pp.

Bertrand A, Castonguay Y, Cloutier J, Couture L, Hsiang T, Dionne J and Laberge S (2009) Genetic diversity for pink snow mold resistance in green-type annual bluegrass. Crop Sci. 49: 589-599.

Blomqvist HH and Jamalainen EA (1968) Preliminary tests on winter cereal varieties of resistance to low temperature parasitic fungi in controlled conditions. J. Sci. Agr. Soc. Finl. 40: 88-95.

Bruehl GW (1967a) Correlation of resistance to *Typhula idahoensis, T. incarnata*, and *Fusarium nivale* in certain varieties of winter wheat. Phytopathology 57: 308-310.

Bruehl GW (1967b) Lack of significant pathogenic specialization within *Fusarium nivale, Typhula idahoensis*, and *T. incarnata* and correlation of resistance in winter wheat to these fungi. Plant Dis. Reptr. 51: 810-814.

Bruehl GW (1967c) Effect of plant size on resistance to snowmold of winter wheat. Plant Dis. Reptr. 51: 815-819.

Bruehl GW, Sprague R, Fischer WR, Namamitsu M, Nelson WL and Vogel OA (1966) Snow molds of winter wheat in Washington. Washington Agric. Exp. Sta. Bull. 677: 1-21.

Bruehl GW, Kiyomoto R, Peterson C and Nagamitsu M (1975) Testing winter wheats for snow mold resistance in Washington. Plant Dis. Reptr. 59: 566-570.

Chang SW, Chang TH, Tredway L and Jung G (2006) Aggressiveness of *Typhula ishikariensis* isolates to cultivars of bentgrass species (*Agrostis* spp.) under controlled environmental conditions. Plant Dis. 90: 951-956.

Christova PK, Christova NK and Imai R (2006) A cold inducible multidomain cystatin from winter wheat inhibits growth of the snow mold fungus, *Microdochium nivale*. Planta 223: 1207-1218.

Cormack MW and Lebeau JB (1959) Snow mold infection of alfalfa, grasses, and winter wheat by several fungi under artificial conditions. Can. J. Bot. 37: 685-693.

Ergon Å, Klemsdal SS and Tronsmo AM (1998) Interactions between cold hardening and *Microdochium nivale* infection on expression of pathogenesis-related genes in winter wheat. Physiol. Mol. Plant Pathology 53: 301-310.

Freyman S and Kaldy MS (1979) Relationship of soil fertility to cold hardiness of winter wheat crowns. Can. J. Plant Sci. 58: 853-855.

Gaudet DA and Kozub GC (1991) Screening winter wheat for resistance to cottony snow mold under controlled conditions. Can. J. Plant Sci. 71: 957-965.

Gaudet DA, Laroche A and Yoshida M (1999) Low temperature-wheat-fungal interactions: a carbohydrate connection. Physiol. Plant. 106: 437-444.

Gaudet DA, Laroche A, Frick M, Davoren J, Puchalski B and Ergon Å (2000) Expression of plant defence-related (PR-protein) transcripts during hardening and dehardening of winter wheat. Physiol. Mol. Plant Pathol. 57: 15-24.

Gaudet DA, Laroche A, Frick M, Huehl R and Puchalski B (2003a) Cold induced expression of plant defensin and lipid transfer protein transcripts in winter wheat. Physiol Plant. 117: 195-205.

Gaudet DA, Laroche A, Frick M, Huehl R and Puchalski B (2003b) Plant development affects the cold-induced expression of plant defence-related transcripts in winter wheat. Physol. Mol. Plant Pathol. 62: 175-184.

Hiilovaara-Teijo M, Hannukkala A, Griffith M, Yu X-M and Pihakaski-Maunsbach K (1999) Snow-mold-induced apoplastic proteins in winter rye leaves lack antifreeze activity. Plant Physiol. 121: 665-673.

平井篤造・後藤洋・加藤泰治・八角俊子(1952)ムギ類雪腐病に関する研究(第3報)積雪下に於けるコムギ品種の糖並びに各種窒素化合物含量の変化. 日植病報 16：1-5.

Jin S and Yoshida M (2000) Antifungal compound, feruloylagmatine, induced in winter wheat exposed to a low temperature. Biosci. Biotechnol. Biochem. 64, 1614-1617.

Jin S, Yoshida M, Nakajima T and Murai A (2003) Accumulation of hydroxycinnamic acid amides in winter wheat under snow. Biosci. Biotechnol. Biochem. 67: 1245-1249.

柿崎洋一(1936)コムギの雪腐抵抗性と茎葉の乾物率及び含糖率並に葉片汁液の性質. 農及園 11：1309-1318.

Karlson D, Nakaminami K, Toyomasu T and Imai R (2002) A cold-regulated nucleic acid-binding protein of winter wheat shares a domain with bacterial cold shock proteins. J. Biol. Chem. 277: 35248-35256.

川上顕(2003)コムギの雪腐黒色小粒菌核病抵抗性の解析. 北海道大学博士論文. 203pp.

Kawakami A and Yoshida M (2002) Molecular characterization of sucrose:sucrose 1-fructosyltransferase and sucrose:fructan 6-fructosyltransferase associated with fructan accumulation in winter wheat during cold hardening. Biosci. Biotechnol. Biochem. 66: 2297-2305.

Kawakami A and Abe J (2003) Method for assessing resistance of wheat to speckled snow mold (*Typhula ishikariensis*) under controlled conditions. J. Gen. Plant Pathol. 69: 307-309.

Kawakami A and Yoshida M (2005) Fructan:fructan 1-fructosyltransferase, a key enzyme for biosynthesis of graminan oligomers in hardened wheat. Planta 223: 90-104.

Kawakami A and Yoshida M (2012) Graminan breakdown by fructan exohydrolase induced in winter wheat inoculated with snow mold. J. Plant Physiol. 169: 294-302.

Kakawami A, Yoshida M and Van den Ende W (2005) Molecular cloning and functional analysis of a novel 6&1-FEH from wheat (*Triticum aestivum* L.) preferentially degrading small graminans like bifurcose. Gene 358: 93-101.

Kawakami A, Sato Y and Yoshida M (2008) Genetic engineering of rice capable of synthesizing fructans and enhancing chilling tolerance. J. Exp. Bot. 59: 793-802.

Kim M-H, Sasaki K and Imai R (2009) Cold shock domain protein 3 regulates freezing tolerance in *Arabidopsis thaliana*. J. Biol. Chem. 284: 23454-23460.

Kiyomoro RK and Bruehl GW (1977) Carbohydrate accumulation and depletion by winter cereals differing in resistance to *Typhula idahoensis*. Phytopathology 67: 306-211.

Koike M, Okamoto T, Tsuda S and Imai R (2002) A novel plant defensin-like gene of winter wheat is specifically induced during cold acclimation. Biochem. Biophys. Res. Commun. 298: 46-53.

国井輝男(1978)上川地方における秋播小麦冬損に関する研究 第1報 ほ場における冬損の品種・系統間差. 北農 45(11)：13-24.

国井輝男(1980)上川地方における秋播小麦冬損に関する研究 第2報 越冬前の生育量と冬損, とくに越冬茎歩合との関係. 北農 47(6)：1-12.

Kuwabara C and Imai R (2009) Molecular basis of disease resistance acquired through cold acclimation in overwintering plants. J. Plant Biol. 52: 19-26.

Lipps PE and Bruehl GW (1980) Reaction of winter wheat to Pythium snow rot. Plant

Disease 64: 555-558.
Litschko LD, Burpee LL, Goulty LG, Hunt LA and McKersie BD (1988) An evaluation of winter wheat for resistance to the snow mold fungi *Microdochium nivale* (Fr.) Samu & Hall and *Typhula ishikariensis* Imai. Can. Plant Dis. Surv. 68: 161-168.
Miedaner T, Höxter H and Geiger HH (1993) Development of a resistance test for winter rye to snow mold (*Microdochium nivale*) under controlled environment conditions in regard to field inoculations. Can. J. Bot. 71: 136-144.
Moriyama M, Abe J, Yoshida M, Tsurumi Y and Nakayama S (1995) Seasonal changes in freezing tolerance, moisture content and dry weight of three temperate grasses. Grassl. Sci. 41: 21-25.
Nakajima T and Abe J (1990) A method for assessing resistance to the snow molds *Typhula incarnata* and *Microdochium nivale* in winter wheat incubated at the optimum growth temperature ranges of the fungi. Can. J. Bot. 68: 343-346.
Nakayama S and Abe J (1996) Winter hardiness in orchardgrass (*Dactylis glomerata* L.) populations introduced from the former USSR. Grassland Science 42: 235-241.
Paulsen GM (1968) Effect of photoperiod and temperature on cold hardening in winter wheat. Crop Science 8: 29-32.
坂本宣崇・奥村純一(1973)晩秋から早春にかけての牧草の生育特性と肥培管理 第1報 秋期の刈取り時期が翌春の収量に及ぼす影響. 北海道立農試集報 28：22-32.
佐々木高行・岩泉允・斉藤浩(1991)多雪地帯における小麦の初冬播栽培について. 北農 58：308-313.
佐藤導謙・沢口敦史(1998)北海道中央部における春播コムギの初冬栽培に関する研究. 日作紀 67：462-466.
佐藤友昭・阿部隆斉・餌取率子・谷英雄・山川政明・森本正隆(2009)十勝地方日高山麓地帯のチモシーに発生した冬枯れ症状について. 北海道草地研究会報 43：43.
Smith JD (1975) Resistance of turfgrass to low-temperature-basidiomycete snow mold and recovery from damage. Can. Plant Dis. Sur. 55: 147-154.
高松進・宮越盈・門脇正博・山田充(1985)ムギ褐色雪腐病および雪腐褐色小粒菌核病の発生と播種期との関係. 北陸病虫研報 33：111-114.
Takenaka S and Yoshino R (1987) Penetration of *Typhula incarnata* in wheat plants differing in resistance. Ann. Phytopath. Soc. Japan 53: 566-569.
冨山宏平(1955)麦類雪腐病に関する研究. 北海道農試報告 47, 234頁.
Tronsmo AM (1985) Effects of dehardening on resistance to freezing and to infection by *Typhula ishikariensis* in *Phleum pretense*. Acta Agric. Scand. 35: 113-116.
Tronsmo AM (1993) Resistance to winter stress factors in half-sib families of *Dactylis glomerata* tested in controlled environment. Acta. Agric. Scand. Sect. B, Soil and Plant Sci. 43: 89-96.
Van Loon LC (1985) Pathogenesis-related proteins. Plant Mol. Biol. 4: 111-116.
Vargas JM Jr, Beard JB and Payne KT (1972) Comparative incidence of Typhula blight and Fusarium patch on 56 Kentucky bluegrass cultivars. Plant Dis. Reptr. 56: 32-34.
Wang Z, Casler MD, Stier J, Gregos JS and Millett SM (2005) Genotypic variation for snow mold reaction among creeping bentgrass clones. Crop Sci. 45: 399-406.
渡邊好昭・三浦重則・湯川智行・竹中重仁(2008)オオムギ葉身の低温馴化による褐色雪腐

病抵抗性とフェニルアラニンアンモニアリアーゼ活性，フェノール，リグニン及び糖含量の変動. 日作紀 77：341-347.

Wernham CC and Chilton St. JP (1943) Typhula snowmold of pasture grasses. Phytopathology 33: 1157-1165.

吉田みどり・森山真久・川上顕(1998)低温認識による耐凍性と病害抵抗性の発現と分化. 植物の化学調節 33：213-221.

Yoshida M, Abe J, Moriyama M, Shimokawa S and Nakamura Y (1997) Seasonal changes in the physical state of crown water associated with freezing tolerance in winter wheat. Physiol. Plant. 99: 363-370.

Yoshida M, Abe J, Moriyama M and Kuwabara T (1998) Carbohydrate levels among winter wheat cultivars varying in freezing tolerance and snow mold resistance during autumn and winter. Physiol. Plant. 103: 8-16.

湯川智行・渡辺好昭(1991)コムギのフルクタン蓄積に関する研究 第1報 系譜上からみたフルクタン含有率と越冬性. 日作紀 60：385-391.

第5章　防　　除

カナディアンロッキーおける芝草雪腐病に対する拮抗菌のスクリーニング(Tom Hsiang 博士提供)。雪腐病は生物防除の成功の可能性が高い数少ない病害のひとつである。

微生物は生態系における植物遺体などの分解者として，重要な役割を担っている。植物病原菌は植物組織が枯死しないうちにこれを利用するため，問題となる。そのため作物病害に対して，積極的な防除手段を講じる必要が生じた。雪腐病に対しても農薬散布は，もっとも確実で信頼できる方法である。生物防除もコスト面に問題を残しているものの，作物の種類によっては，有効である。また，適期の播種，適正な施肥管理，抵抗性品種の利用などは今までの研究蓄積により，実際に行われている。今後も予想される気象変動に対しては，植物本来の能力(抵抗性)を活かすことが安定的生産を維持する上で重要である。

ほとんどの雪腐病において病原菌の生活史は，積雪下の活動相と菌核などの形態で越夏する休眠相に明確に区別される(松本，1985，1988，2009)。このような雪腐病菌の生活相に応じていくつかの防除法が考えられるが(表 5-1)，現実的で確実に効果が期待される対策は，根雪直前の農薬散布である。植物の越冬性向上を促す栽培管理法としては，秋期後半の施肥，刈取りなども重要である。また，越冬性の高い草種，品種の選定はいうまでもないし，播種期によっても雪腐病の被害は大きく異なる。積雪下での拮抗菌を利用した生物防除は，実験的には，圃場条件下でも可能である。

雪腐病にかかるおもな植物として，農作物では牧草と秋播コムギ，農作物以外では芝草があげられる。これらの宿主植物は，利用形態，単位面積当たりの経済的価値，および人為的攪乱の程度に違いがあり，これらの要因は雪腐病の防除方法に直接的に関係している(表 5-2)。ゴルフ場のグリーンでは春のオープンまでにパッチが残ることは許されないので，芝草の雪腐病では被害の回復を待つ時間はない。牧草では，1 番草の刈取りまでに施肥などの栽培管理によりある程度，被害から植物を回復させることが可能で，秋播コムギは越冬後の茎葉でなく穀物を利用するので，十分な時間を回復に費やすことができるだけでなく，生き残った個体による補償作用も期待できる。芝草は農作物も含めもっとも集約的に管理されるが，牧草はその対極にある。

表 5-1　雪腐病菌とその宿主植物の季節毎の生活相に応じた雪腐病の防除法

	春・夏	秋	冬
雪腐病菌の生活相	菌核などによる耐久生存	菌核発芽などによる活動再開	植物を侵害
宿主植物の生活相	萌芽　栄養成長	ハードニング	休眠
防除法	耕種的防除 （*適期に播種*）	耕種的防除 （*施肥量や時期の調節，適期に最終刈取り*）	耕種的防除 (融雪促進)
	生物的防除 (耐久体の減少)	化学的防除 （*菌糸生育，感染の抑制*）	生物的防除 (菌糸生育，感染の抑制)

現実的な対応策は斜字体で示した。

表5-2　作物タイプ毎の雪腐病防除法[1)]

	牧草	秋播コムギ	芝草
回復後利用までの時間	＋	＋＋	±
栽培の集約度	±	＋	＋＋
拮抗菌の永続性（生息場所の安定性）	＋＋	±	＋
耕種的防除	＋＋	＋	－
化学的防除	－	＋	＋＋
生物防除	＋	±	＋＋

[1)] Matsumoto (1998) を改変
＋：有効，－：無効

秋播コムギは両者の中間にあり，この順番は経済的価値に一致する。すなわち，芝草ではかなりの金額を雪腐病防除に費やしても見合うのである。生息場所としての安定性は耕起により攪乱されるので，牧草地がもっとも安定しており，死にかけた植物組織など拮抗菌の利用できる基質も多い。秋播コムギ圃場は毎年耕起され，しかも輪作体系に組み込まれているほとんどの作物は雪腐病の非宿主（積雪下では栽培されない）なので，生息場所としては攪乱が著しく，拮抗菌は定着しづらい。

これらの要因を考慮すると，同じ雪腐病が発生しても有効な防除法は対象植物により自ずと異なってくる（表5-2）。牧草には農薬は実際的には利用できず，育種・栽培による耕種的防除が現実的な手段である。輪作は秋播コムギにおいては抵抗性品種の利用と共に有効な防除手段である。高い防除水準が求められる芝草では農薬による防除が欠かせない。農薬の使用により芝生の雪腐病は見かけ上完全に防除できるが，仮に平米当たり1ℓの農薬を散布しても雪腐黒色小粒菌核病菌生物型Bによる地下部の加害を止めることはできない。秋播コムギでは，農薬による防除水準は芝生ほど高くないが，防除しないと深刻な被害を受けることもある（図5-1，Matsumoto et al., 2000）。生物防除は拮抗菌が永続し，茎葉のダメージで被害が直接的に評価される牧草と芝草で有効である。ただ，生物防除は大量の拮抗菌を導入する必要があるので，牧草では経済的に見合わない。

図 5-1　農薬散布ができず雪腐黒色小粒菌核病が大発生し廃耕した秋播コムギ圃場。雪腐病防除のため秋播コムギに農薬散布するのはわが国だけであると思われる。

1. 農薬による防除

秋播コムギや芝草においては，雪腐大粒菌核病，雪腐黒色小粒菌核病，雪腐褐色小粒菌核病，および紅色雪腐病に対し農薬が散布される。一般に，日和見感染菌による病気は環境を改善することで防ぐことができるが，雪腐病においては除雪による積雪下環境の改変は，凍害を招く可能性もあり，現実的ではない。根雪前に適当な農薬を散布すると，雪腐病による地上部の被害はほぼ完全に抑えられる。空気伝染する雪腐大粒菌核病などは，感染源が外部から飛散してくるので，毎年防除する必要がある。土壌伝染する雪腐黒色小粒菌核病においては，前年薬剤防除により被害を防いだ箇所にも翌年薬剤散布をしないと病気が発生しうる。芝草においては，多いと平米当たり 1 ℓ の農薬を散布するが，これは降水量に換算すると 1 mm である。1 mm の降雨は表面を濡らすだけで，地中まで到達しない。すなわち，通常の雪腐病防除では地上部の植物組織のみを保護しているだけなので，地下部をも侵害する雪腐病の被害から植物を守ることはできない。土壌伝染する雪腐黒色小粒菌核病菌生物型Bが，芝草で優占する（Matsumoto and Tajimi, 1993）のはこのためである。また雪腐小粒菌核病菌に対し本来有効であると期待される薬剤が生物型Bの発生する秋播コムギ圃場において有効性が確認されない場合がしばしばあるのも，本菌が土壌伝染性であるためである（斉藤，1982）。紅色雪腐病は汚染種子によっても発生する（Hewett, 1983）ので，種子消毒も有効な防除手段である。

斉藤（2006）は，雪腐病防除薬剤の変遷を4つの時代に区分して解説している。この間，さまざまな薬剤が登場し被害防止に寄与したが，いくつかはその残留毒性や環境汚染の問題，あるいは耐性菌の出現により指導農薬リストから消えていった。ここでは，秋播コムギに使われた薬剤を解説する。

1）ボルドー

北海道では1928年にボルドー液根雪前散布の有効性が公表され，その後有機水銀剤の使用が始まってからもしばらく続いた。特に褐色雪腐病に対しては，ボルドー液の効果が優れていたといわれている。

2）有機水銀

1950年には酢酸フェニル水銀の根雪前散布と紅色雪腐病に対する種子消毒が実用技術として奨められた。その後，さまざまな有機水銀化合物が開発・利用され，秋播コムギの安定生産に欠かせないものとなった。しかし，米粒中の残留水銀が問題視されたことを契機に，雪腐病に対する茎葉散布用の有機水銀剤の使用は1970年に，種子消毒用では1973年に，指導農薬のリストから削除された。有機水銀剤のスペクトラムは広く，同時発生する複数の雪腐病に効果を示したが，ここにいたって個別の雪腐病に対応した対策を練らざるを得なくなった。

3）PCP，PCNB，チオファネートメチル

除草剤 PCP が雪腐黒色小粒菌核病に対し有効であることは，1962 年にすでに明らかにされていた。また，雪腐大粒菌核病に対する PCNB 粉剤の効果も 1964 年には報告された。これらの薬剤は，1967 年頃から水銀剤にかわるものとして採用されたが，紅色雪腐病に対しては十分ではなかった。1970, 71 年の圃場試験から，チオファネートメチルが，紅色雪腐病と雪腐大粒菌核病に対し，水銀粉剤や PCNB 粉剤よりも効くことが示され，1973 年からはチオファネートメチルを含む雪腐病防除体系が全道的に普及した。しかし，PCP は雪腐褐色小粒菌核病に対し効果が劣り，しばしば薬害を引き起こした。また，水質保全の面からの問題も抱えていた。一方，紅色雪腐病に対するチオファネートメチルの効果はやがて低下し始め，1981 年には紅色雪腐病菌のチオファネートメチル耐性が確認された。

4）新合成殺菌剤，混合剤

PCP にかわるものとして，担子菌に選択性の高いカルボキシアミド系のメプロニルとフルトラニルに加え，トリアジメホン，トルクロホスメチル，有機銅の雪腐小粒菌核病に対する効果が 1985 年頃までに確認された。その後プロピコナゾールも加わった。またチオファネートメチルにかわるものとしてグアザチンも登録された。雪腐病は通常 2 種以上の病原菌が同時発生するので，当初は単剤が混合され使用されたが，やがてスペクトラムの広いフルアジナムが加わった。その結果，剤型の異なる単剤，混合剤併せて 17 の茎葉散布剤が防除基準に掲載されている。また，紅色雪腐病に対する種子消毒剤としてグアザチンは，銅・有機銅と共に使用されている。

光合成のできない積雪下において，植物は貯蔵養分をエネルギー源として雪腐病菌に対し積極的に抵抗していることが最近の研究で明らかになってきた（川上，2004）。また，直接病原菌に作用するのではなく，植物の抵抗性を誘導する化学物質も知られている（Edreva, 2004）。このような物質の効果がどれほど続くか不明な点も多いが，有効性が低温条件下で 120 日間継続する農

薬の開発が望まれる。

2. 生物防除

拮抗微生物を利用する生物防除は，1970年代半ばより特に植物地下部に発生する土壌伝染性病害で，盛んに研究された。当初，病気を抑える拮抗菌は一度土壌に導入されると，そこで半永久的に生存し，病気をある程度長期にわたって抑えると期待された。しかし，多くの拮抗菌は圃場への導入段階で失格となった。拮抗菌は土着の微生物相に割り込めず，定着できなかったためである。言い換えれば，土壌中には拮抗菌が棲みつける余地がなかったのである。このような背景には，生物防除に関する生態学的考察の欠如もその一因と考えられる。

松本(1985，1988，1993)およびMatsumoto(1998)は，雪腐病の生物防除に関して生態学的な考察を加えた。すなわち，雪腐病菌の生活相を休眠相と活動相に分け，拮抗菌が雪腐病菌から受ける影響に基づいて，どのような拮抗菌・雪腐病菌相互関係が存在しうるかを考察した(表5-3)。夏期において拮抗菌は休眠中の雪腐病菌菌核に寄生するので，正の影響(拮抗菌が増殖)を受け，拮抗菌が減少するような負の影響はない。冬期の雪腐病菌活動相においては，拮抗菌はさまざまな影響を受ける。多くの拮抗菌は雪腐病菌と植物組織という資源をめぐって競争し，その結果発病低下にいたるが，詳しいメカニズムは不明である。この相互関係に基づく生物防除はいくつかの拮抗菌を用いた

表5-3 病原菌と拮抗菌の相互関係[1)]

病原菌の生活相	拮抗菌が病原菌から受ける影響[2)]		
	−	±	+
休眠相	なし	なし	寄生 (菌寄生菌)
活動相	競争 (腐生菌・病原菌)	片害 (腐生菌・病原菌)	寄生 (菌寄生菌)

[1)] 松本(1985)より

[2)] (　)内は拮抗菌の種類を示す。

実験で成功している。積雪下という環境条件こそ，雪腐病の生物防除が圃場レベルで成功している要因である。すなわち，積雪下の微生物相は貧弱で，多くの菌は低温のため休眠し，低温に耐性のあるもののみが活動している。積雪下という菌の生息場所には生態的空白が多く，低温性であればほとんどの菌が定着できる。雪腐病に拮抗性を示す低温性糸状菌としては，*Typhula phacorrhiza*(Burpee et al., 1987)のほかに *Acremonium boreale*(Smith and Davidson, 1979)や *Humicola grisea*(佐藤ほか，1999)などが報告されている。積雪下で生育中の雪腐病菌菌糸に寄生する拮抗菌は見つかっていないが，線虫には雪腐病菌の菌糸に寄生するものがある(Shchukovskaya et al., 2012)。また，細菌としては *Pseudomonas fluorescens* が知られている(Matsumoto and Tajimi, 1987)。

生物防除の効果は被害レベルが低い場合にのみ有効で，またコストが高くつくことが欠点である。雪腐病は牧草，秋播コムギ，芝草と経済的価値がさまざまに異なる作物に発生するが，芝草の経済的価値は作物のなかでも極めて高いので，芝草はほかの条件も考慮するともっとも現実的な対象作物であると考えられる(Matsumoto, 1998，表5-2)。すなわち，芝草は融雪直後に100%の防除効果が期待され，被害の回復を待てないなどの問題はあるにせよ，もっとも集約的な管理がなされるので，生物防除資材の利用に当たって，施用量を増やす，ほかの資材との併用など拮抗菌の働きやすい環境をつくるのが容易である。*T. phacorrhiza* は雪腐病の生物防除資材として，もっとも多く研究がなされている。

Typhula phacorrhiza は雪腐小粒菌核病菌と同属である。*T. phacorrhiza* を用いた芝草雪腐病の生物防除に関してはカナダで大規模に研究されている(Burpee et al., 1987; Lawton and Burpee, 1990; Wu et al., 1998; Hsiang and Cook, 2001)。その拮抗作用については十分に理解されていないが(Burpee, 1994)，本菌がより広範な温度域で生育し種々の炭水化物を利用できることが拮抗作用の一因と考えられている(Wu and Hsiang, 1999)。さまざまに製剤化した *T. phacorrhiza* を平米当たり 20 g 施用することで防除効果が得られている(Wu et al., 1998)。*T. phacorrhiza* は芝草に定着し，処理後2年間は残存効果を示

した(Hsiang et al., 1999)。また，*T. phacorrhiza* は紅色雪腐病にも有効であった(Hsiang and Cook, 2001)。

牧草の雪腐黒色小粒菌核病に関して Matsumoto and Tajimi(1992)は *T. phacorrhiza* の有効性を認めている。本州を含めた積雪地由来の *T. phacorrhiza* 36 菌株においては，オーチャードグラス雪腐黒色小粒菌核病に対する発病抑止効果にかなりの変異が見られた。すなわち，生物型Bは多くの菌株に抑制され，生物型Aの優占する北海道の多雪地帯の菌株は両方の生物型に優れた拮抗性を示した。積雪の多い北海道天北地方由来の有効菌株は，生物型Aの被害が著しい条件下(札幌市で栽培3冬目，10月1日に最終刈取り処理)で翌春のペレニアルライグラス1番草収量を26.5%増加させた。また，導入された拮抗菌は植物体上に菌核を多数形成した。このことは年間積雪日数が140日以上にも達する天北地方において，拮抗菌として有効な *T. phacorrhiza* による生物防除が自然に行われていることを示唆するものである。ペレニアルライグラスは天北地方において実際的に栽培されている(手塚・古明地, 1980)。

Humicola grisea も *T. phacorrhiza* のように芝生において残効性を示す(巣立康博，私信)。本菌はエンドファイトとして常に植物体内に存在しているため効果が永続すると推定されるが，生存様式については検討されていない。また *H. grisea* は耐熱性の溶菌物質を産生し，紅色雪腐病菌の菌糸細胞を破壊する(佐藤ほか，1999)。*Acremonium boreale* は低温での対峙培養により数種の雪腐病菌に拮抗性を示したが(Smith and Davidson, 1979)，オーチャードグラス上では雪腐黒色小粒菌核病菌生物型Bの発病を抑制することはなかった(Matsumoto and Tajimi, 1992)。イネ科牧草と共生し，宿主植物の乾燥や病害抵抗性などの環境耐性を強化するとされる *Neotyphodium* エンドファイトに感染した植物は雪腐黒色小粒菌核病に罹病しやすくなる(Wäli et al., 2006)。

雪腐病菌の菌糸や菌核に特異的に付随する細菌 *Pseudomonas fluorescens* は，雪腐病菌の菌糸伸長を抑制し(図5-2，Matsumoto and Tajimi, 1987)，雪腐黒色小粒菌核病が自然発生するゴルフ場での有効性も確認された(大志万ほか，1998)。その効果は拮抗菌が産生する抗生物質に負うところが大きい(大志万ほ

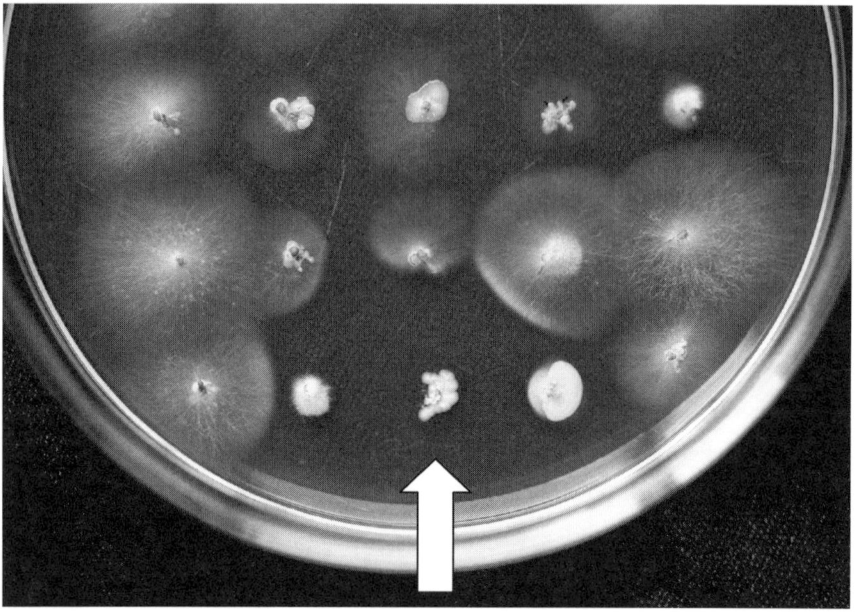

図 5-2　雪腐病菌に随伴する拮抗細菌。雪腐褐色小粒菌核病菌の菌核からは菌糸の生育を抑制する細菌(矢印)がしばしば分離される。

か，1996)。カナダ東部では，融雪直後の雪腐黒色小粒菌核病菌菌核が細菌に汚染され，越夏中に生存力を失ってしまうことが知られている(Schneider E, 私信)。通常，細菌は菌核の外皮層を貫通できず，菌核の生存には積極的に外皮層を貫穿できる糸状菌が一次的な役割を担っている(Matsumoto and Tajimi, 1985)。菌核形成時にはほかの微生物の菌核内部への侵入は排除されるのが普通であるが，カナダの細菌は特別な性質を持っているのであろうか。

3. 耕種的防除

1）栽培管理

実際的な栽培には，品種がある程度の雪腐病抵抗性レベルにあることが前提である(国井，1987；手塚・古明地，1980)。そして，3 要素の施用レベルと土壌の肥沃度は複雑に関係している(Freyman and Kaldy, 1979)。牧草においては，秋の施肥や刈取り時期が越冬態勢と翌春の1番草収量に及ぼす影響を調査した研究が多い(たとえば　近藤，1973；坂本・奥村，1973，1974；能代・平島，1974；山神・奥村，1976)。すなわち，イネ科牧草では10月上旬頃に刈取ると貯蔵養分量はもっとも減少し，そのために越冬性が低下する。また，秋に重点をおいた施肥法により，越冬性は高まり1番草は増収し永続性も向上する。一方，秋播コムギにおいては，秋に施肥すると越冬性は低下する(たとえば　国井，1980b)。このように牧草とコムギで秋の施肥に対する反応が異なる結果は，どのように説明できるのであろうか。すなわち，共に越冬のための施肥適正レベルが存在し，牧草ではそもそもそのレベルまで達しておらず，コムギではレベルを超えて施用されていたためと考えられる(図5-3)。

冬穀物や牧草では播種期により，雪腐病に対する抵抗性が変化する(Bruehl, 1967；Bruehl et al., 1975；国井，1980a)。いつ播種するかは，雪腐病耕種的防除の重要な鍵となる。褐色雪腐病に対しては遅く播種した小さいムギ類ほど抵抗性であるが(高松ほか，1985)，一般には早く播種し根雪までに大きく成長した植物ほど抵抗性である(Bruehl and Cunfer, 1971；国井，1980a)。Bruehl et al.(1975)は，米国ワシントン州において秋播コムギの播種時期を検討するなかで，非常に遅く(10月中旬)播種すると植物は雪腐小粒菌核病や紅色雪腐病

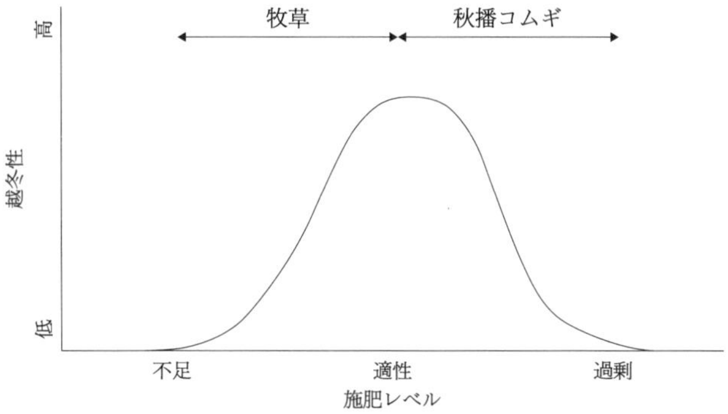

図5-3　牧草と秋播コムギにおける越冬性に関する施肥反応の違い。牧草の施肥レベルはそもそも低かったので施肥により越冬性は向上し，秋播コムギでは高かったので施肥量を減らすことで生存がよくなる。両者に本質的な違いはないと考えられる。

の被害を受けず翌春の生存率が高くなることを発見した(図 4-2)。

2) 品　種

(1) アルファルファ

北海道でアルファルファが本格的に栽培されたのは 1950 年代以降で，その後徐々に栽培面積は拡がり，1986 年には 1 万 ha を超えたが，それ以上増加することはなかった。酪農の中心地帯である十勝，根釧地方に適した品種が開発されなかったためである。ここでは，根釧地方におけるアルファルファ導入のための関係者の努力を時系列的に説明する。根釧地方の冬は厳しく，土壌凍結が著しい。また，夏期は冷涼で寡照・多湿であるためそばかす病の被害が著しい。

1988〜89 年の冬の気温は比較的高めであったが，それでも土壌凍結深は平年並みの 35 cm であった。竹田ほか(1990)はまず，カナダ，北欧などから導入した 60 品種を圃場に栽培し，越冬初年目の生存状況と越冬性に関する種々の形質を比較した。強い秋期休眠性と高度耐凍性を示すカナダの品種は，中程度の品種に比べ，ひどく凍上害を受けた(竹田・中島，1991a)。すなわち，株の浮上程度と越冬性の間には高い負の相関があった。播種当年のアルファルファは，秋までに十分に生育し根を地中深く伸ばすことができないと，凍上により植物が浮上し根が断裂され，越冬にしばしば失敗することが明らかになった。さらに，そばかす病が夏期の生育を阻害し，越冬性の低下に追い打ちをかけた。供試された耐凍性の高い品種は，いずれも米国およびカナダ西部の乾燥地帯を対象に育成されたものである(竹田・中島，1991c)。根釧地方における夏期の寒冷寡照条件下でよく生育することが初年目越冬のための条件であった。

そばかす病の越冬性に対する関与については，さらに研究された。まず，根釧地方において越冬性の優れるもの，劣るものを各 3 品種ずつ選定し，播種当年に農薬を散布し，そばかす病の越冬性に対する影響が評価された(図 5-4，竹田・中島，1991d)。その結果，越冬性の低い品種の欠株率は約 45% だったが，そばかす病を防除することで欠株率はほぼ半減した。なお，越冬

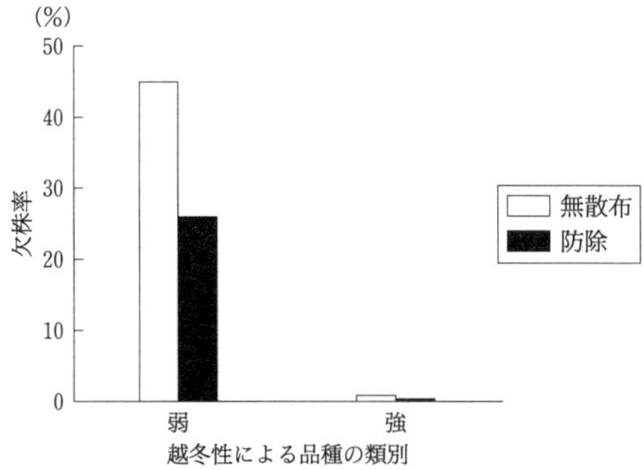

図 5-4 薬剤による防除で越冬性の低いアルファルファの初年目欠株率が改善（竹田・中島，1991d を改変）

性強の品種の欠株率はそばかす病防除の有無に関わらず約1%程度だった。株が定着した2年目以降の生存には耐凍性が関与し，耐凍性の向上にはそばかす病抵抗性が必須であった(竹田・中島，1991b)。1988～1992年までの試験期間中，*Typhula ishikariensis* 生物型Aによる雪腐黒色小粒菌核病の発生は見られなかった。

1993年には3,150個体の実生苗が圃場に移植され，そばかす病に対する抵抗性育種が開始され，選抜効果の高いことが確認された(竹田ほか，1998)。しかし1995～96年冬，選抜個体には雪腐黒色小粒菌核病がかなり発生した。さらに1999年春にも本病は大発生し，アルファルファは壊滅的な被害を受けた。従来，道東では単子葉植物のみを侵す *T. ishikariensis* 生物型Bが主に分布していたので(Matsumoto et al., 1982)，アルファルファに雪腐黒色小粒菌核病が発生することはまれであった。本病が収量性に(そして永続性にも)影響していることは明らかである(小松，1983)。造成3年目のアルファルファ(品種キタミドリ)について，1993年の収量を1982年と比較すると，北海道農試(札幌市)では変化が見られないのに対し，北見農試(訓子府町)では，雪腐黒色小粒菌核病の発生により25%も収量が低下している(図5-5)。

雪腐黒色小粒菌核病の常発する北海道農試では，1978年よりそばかす病などの葉枯性病害抵抗性育種が開始されていた。これらの育成系統のなかか

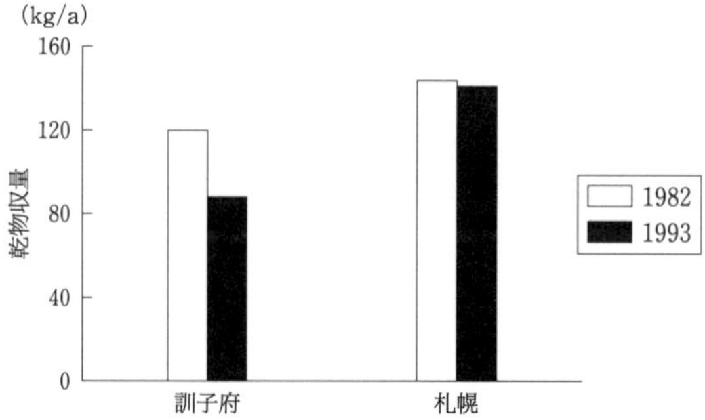

図 5-5 アルファルファ(品種キタミドリ)の収量変化(植田ほか 1985, 山口ほか 1995 より作図)

ら，北海道立根釧農試との共同研究で，1994 年には「ヒサワカバ」(山口ほか, 1995)が奨励品種に採用された。このような冬期の気候が異なる地域間での共同研究の成果により，道東におけるアルファルファの栽培が可能になった事実は，特筆すべきことである。その後全道的に越冬性，永続性および収量性に優れる「ハルワカバ」が開発された(廣井ほか, 2005)。また，2005 年に優良品種に指定されたそばかす病抵抗性の「ケレス」は分枝根を旺盛に発生させるので，土壌凍結による影響も少ない(高山, 2005；谷津, 2009)。

⑵ 秋播コムギ

北海道におけるコムギの大がかりな栽培試験は，1954 年優良品種に指定された「ホクエイ」を用いて行われた(長谷部ほか, 1970)。試験では越冬性に関与する雪腐病が地域により異なるという冨山(1955)の知見も考慮され，地域ごとの施肥基準設定のためのデータが報告された(図 5-6)。コムギの作付け面積は，1975 年以降急激に増加した。その後の主要品種は「ホロシリコムギ」であった。ホロシリコムギは雪腐病に対しある程度の抵抗性を示したが，製麺用の品種としては実需者の要求を満たすものではなかった。そこで 1981 年，製麺適性を改良した「チホクコムギ」が育成された(尾関ほか, 1987)。チホクコムギの耐寒性はホロシリコムギと同程度であるが，耐雪性はやや弱いとされている。そのため，チホクコムギは多雪地帯で多発する紅色雪腐病や雪腐小粒菌核病に対しては弱かった。しかし，雪腐大粒菌核病と

図 5-6　播種時期，施肥量をかえることで雪腐大粒菌核病の発生はかわる。

発生地帯(道東)が一致するスッポヌケ病(清水・宮島，1992)には強く，チホクコムギの作付けによりスッポヌケ病はほとんど見られなくなった(川上顕，私信)。次いで雪腐病に強い「ホクシン」が育成された(柳沢ほか，2000)。2006年に農林登録された「きたほなみ」の雪腐病抵抗性はホクシンと同程度である(柳沢ほか，2007)。2008年に北海道優良品種に採用された「ゆめちから」は耐雪性中とされているが，縞萎縮病に抵抗性である(田引ほか，2011)。コムギ縞萎縮病の病原ウイルスの感染適温は10～15℃で，盛岡では秋期に感染が起こる(大藤，2005)。したがって，縞萎縮病は越冬性を低下させる要因にもなっていると考えられる。事実，縞萎縮病汚染圃場において，ゆめちから以外の品種は雪腐褐色小粒菌核病により重大な被害を受ける(図5-7)。同様の関係はオオムギにおいても，品種・雪腐褐色小粒菌核病菌・黄萎病ウイルスの3者間で見られる(Cavelier and Maroquin, 1978)。

以上のように，北海道向けの秋播コムギは，雪腐病に対してかなりの抵抗

図 5-7　縞萎縮病発生圃場における秋播コムギゆめちから(右下の区)の生育。縞萎縮病に罹病性のほかの品種には雪腐褐色小粒菌核病が著しく発生する。

性を有している。したがって，適正な施肥基準を守り適期に播種し，そして輪作すれば，1998〜99 年のような例外年(Matsumoto et al., 2000)を除けば，農薬を散布する必要はないと考えられる。気象条件が異なるので，北米の例がそのまま当てはまるとは思えないが，スケジュール散布をやめ，保障制度を充実させる方が，北海道のクリーン農業をすすめる上で有効であろう。

3）北米における事情

Murray et al.(1999)によれば，米国ワシントン州において，秋播コムギの雪腐病(主として紅色雪腐病と雪腐小粒菌核病)は，1940〜1970 年代にかけひどく発生したが，1980 年代になりその発生は下火になった。それでも場所によっては，1995，96 年と続いて大発生した。年間 150 日も根雪が続くような地域においては，雪腐病は依然問題である。同州においても雪腐病防除に関する初期の研究は，播種時期，輪作，施肥，融雪剤の散布，および残渣の管理などの栽培法に関するものと有効な農薬の選択が中心であったが，やがて抵抗性品種の開発が求められるようになった。

1944〜1950年代後半にかけ種々の殺菌剤が検討されたが，結局いくつかの水銀剤のみが残った。しかし，根雪の開始時期が予想困難なこと，またコストの面から，農薬の散布は一般には受け入れられなかった。現在，雪腐病防除用の薬剤は登録されていない。抵抗性育種は，1960年から本格的に開始され，1972年には‘Sprague’が育成された。ついで，1998年および1999年にはそれぞれ‘Edwin’と‘Bruehl’が世に出た。特に‘Bruehl’は，雪腐病抵抗性に関しては‘Sprague’にやや劣るものの，収量性に優れている。

秋播コムギが大規模に栽培されているカナダ西部のアルバータ，マニトバ，およびサスカチュワンの各州においても，病害防除のためには，抵抗性品種の利用と適切な栽培管理がすべてである(Fowler, 2002)。雪腐病に対する農薬登録はいずれの州においてもなされていないようである。積雪はむしろ凍害から実生を守るので，有益とされている。

4. むすび

通常の栽培条件下では，農作物(ゴルフ場の芝草を除く)の雪腐病が特別問題になることはない。品種等の選定(手塚・古明地，1980；国井，1987)や播種適期(国井，1980a；宮本ほか，1989)の厳守など栽培法がほぼ確立しているからである。したがって，雪腐病の被害を育種と栽培技術で最小限に防ぐことは，基本的に可能であると考えられるが，異常気象による突発的な被害は現状では回避できない。1998〜99年の冬は根雪が早く始まったため，網走地方を中心に多くの秋播コムギ圃場で農薬散布ができなかった。その結果，雪腐黒色小粒菌核病が大発生し，30%の圃場が廃耕を余儀なくされた(図5-1，Matsumoto et al., 2000)。農家は，保険として毎年秋播コムギに農薬を散布しているように思われる。雪腐病防除には1 ha当たり1,340 ml，6,582円の農薬が費やされている(北海道農政部技術普及課，2005)。北海道の秋播コムギ圃場は10万ha以上あるので，農薬の使用量は膨大なものになる。おそらく北海道は，秋播コムギ雪腐病防除のために農薬を散布している世界で唯一の所であろう。農薬散布の必要性を考え直す時期にきているのではなかろうか。

[引用文献]

Bruehl GW (1967) Effect of plant size on resistance to snowmold of winter wheat. Plant Dis. Reptr. 51: 815-819.

Bruehl GW and Cunfer BM (1971) Physiologic and environmental factors that affect the severity of snowmold of wheat. Phytopathology 61: 792-799.

Bruehl GW, Kiyomoto R, Peterson C and Nagamitsu M (1975) Testing winter wheats for snow mold resistance in Washington. Plant Dis. Reptr. 59: 566-570.

Burpee L (1994) Interactions among low-temperature-tolerant fungi: Prelude to biological control. Can. J. Plant Patho. 16: 247-250.

Burpee LL, Kaye LM, Goulty LG and Lawton MB (1987) Suppression of grey snow mould on creeping bentgrass by an isolate of *Typhula phacorrhiza*. Plant Dis. 71: 97-100.

Cavelier M and Maroquin C (1978) Interférence d'une épidémie provoquée pour la première fois en Belgique par *Typhula incartana* Lasch ex Fr. et d'une recrudescence de la jaunisse nanisante de l'orge sur escourgeon. Charactérisation des symptômes et évaluation de leurs incidences respectives sur les rendements. Parasitica 34: 277-295.

Edreva A (2004) A novel strategy for plant protection: Induced resistance. J. Cell Mol. Biol. 3: 61-69.

Fowler DB (2002) Winter Wheat Production Manual. http://www.usak.ca/agriculture/plantsci/winter_cereals/Winter_wheat/contents.htm

Freyman S and Kaldy MS (1979) Relationship of soil fertility to cold hardiness of winter wheat crowns. Can. J. Plant Sci. 59: 853-855.

長谷部俊雄・長内俊一・小川武(1970)秋播小麦の道内主要栽培地における施肥反応 第1報 三要素, 溶性燐肥, 堆肥の施用効果. 北海道立農試集報 20：12-31.

Hewett PD (1983) Seed-borne *Gerlachia nivalis* (*Fusarium nivale*) and reduced establishment of winter wheat. Trans. Br. Mycol. Soc. 80:185-186.

廣井清貞・我有満・磯部洋子・山口秀和・内山和宏・澤井晃(2005)アルファルファの新品種「ハルワカバ」の育成とその特性. 北海道農試研報 183：47-60.

北海道農政部技術普及課(2005)北海道農業技術体系(第3版). 442pp.

Hsiang T and Cook S (2001) Effect of *Typhula phacorrhiza* on winter injury in field trials across Canada. Interntl. Turfgrass Soc. Res. J. 9: 669-673.

Hsiang T, Wu C and Cook S (1999) Residual efficacy of *Typhula phacorrhiza* as a biocontrol agent of grey snow mold on creeping bentgrass. Can. J. Plant Pathol. 21: 382-387.

川上顕(2004)コムギの雪腐黒色小粒菌核病抵抗性の解析. 北海道大学学位論文. 203頁.

小松輝行(1983)冬の地帯区分化にもとづくアルファルファ栽培の問題点と展望について.

十勝農学談話会誌 24：92-101.
近藤秀雄(1973)牧草地に対する秋施肥に関する研究 第2報 オーチャードグラス草地の早春の生産性に対する秋季の施肥時期の影響. 北海道農試報告 107：63-72.
国井輝男(1980a)上川地方における秋播小麦冬損に関する研究 第2報 越冬前の生育量と冬損, とくに越冬茎歩合との関係. 北農 47(6)：1-12.
国井輝男(1980b)上川地方における秋播小麦冬損に関する研究 第3報 施肥量特に基肥窒素の量と冬損について. 北農 47(7)：1-9.
国井輝男(1987)上川地方における秋播小麦冬損に関する研究 第7報 雪腐褐色小粒菌核病菌接種による品種間差異の検定. 北農 54(3)：28-39.
Lawton MB and Burpee LL (1990) Effect of rate and frequency of application of *Typhula phacorrhiza* on biological control of Typhula blight of creeping bentgrass. Phytopathology 80: 70-73.
松本直幸(1985)雪腐病生物防除についての試論. 北農 52(11)：1-11.
松本直幸(1988)雪腐小粒菌核病の生物防除. 植物防疫 42：231-234.
松本直幸(1993)微生物利用による積雪下病害防除の可能性—雪腐黒色小粒菌核病を中心に. 農業および園芸 68：593-597.
Matsumoto N (1998) Biological control of snow mold. *In* eds. Li P and Chen T, Plant Cold Hardiness, pp. 343-350. Plenum, New York.
松本直幸(2009)雪腐病(1). 北農 76：143-149.
Matsumoto N and Tajimi A (1985) Field survival of sclerotia of *Typhula incarnata* and of *T. ishikariensis* biotype A. Can. J. Bot. 63: 1126-1128.
Matsumoto N and Tajimi A (1987) Bacterial flora associated with the snow mold fungi, *Typhula incarnata* and *T. ishikariensis*. Ann. Phytopath. Soc. Japan 53: 250-253.
Matsumoto N and Tajimi A (1992) Biological control of *Typhula ishikariensis* on perennial ryegrass. Ann. Phytopath. Soc. Japan 58: 741-751.
Matsumoto N and Tajimi A (1993) Effect of cropping history on the population structure of *Typhula incarnata* and *Typhula ishikariensis*. Can. J. Bot. 71: 1434-1440.
Matsumoto N, Sato T, and Araki T (1982) Biotype differentiation in the *Typhula ishikariensis* complex and their allopatry in Hokkaido. Ann. Phytopath. Soc. Japan 48: 275-280.
Matsumoto N, Kawakami A and Izutsu S (2000) Distribution of *Typhula ishikariensis* biotype A isolates belonging to a predominant mycelial compatibility group. J. Gen. Plant Pathol. 66: 103-108.
宮本裕之・関口明・今友親(1989)十勝地方における秋播小麦冬損に関する研究 第2報 越冬前の生育量と冬損, とくに越冬茎歩合との関係. 北農 56(6)8-21.
Murray T, Jones S, and Adams E (1999) Snow mold diseases of winter wheat in Washington. EB1889, 8pp. College of Agriculture and Home Economics, Pullman, Washington.
能代昌雄・平島利昭(1974)極寒冷地域における放牧草地の維持管理法 Ⅳ. 主要イネ科牧草の貯蔵炭水化物蓄積に及ぼす秋の刈取りと施肥の影響. 北海道立農試集報 30：75-84.
大志万浩一・東雅之・重光春洋・久能均(1996)芝草雪腐病—特に黒色小粒菌核病に関する研究 第3報 雪腐黒色小粒菌核病菌に対する拮抗細菌が生産するフェナジン-1-カルボン酸の作用. 芝草研究 24：129-138.

大志万浩一・太田竹男・小堀英和・久能均(1998)芝草雪腐病―特に黒色小粒菌核病に関する研究 第4報 拮抗細菌によるベントグラス雪腐病の生物防除．芝草研究 26：97-112.
大藤泰雄(2005)コムギ縞萎縮病の発生生態に関する研究．東北農研研報 104：17-74.
尾関幸男・佐々木宏・天野洋一・土屋俊雄・上野賢司・長内俊一(1987)コムギ新品種「チホクコムギ」の育成について．北海道立農試集報 56：93-105.
斉藤泉(1982)小麦雪腐病防除薬剤の開発の現状と研究手法上の問題点．北海道立農試資料 15：155-157.
斉藤泉(2006)畑作・ムギ病害　北海道におけるコムギ病害小史．今月の農業 2006年3月号：18-23.
坂本宣崇・奥村純一(1973)晩秋から早春にかけての牧草の生育特性と肥培管理 第1報 秋期の刈取り時期が翌春の収量に及ぼす影響．北海道立農試集報 28：22-32.
坂本宣崇・奥村純一(1974)晩秋から早春にかけての牧草の生育特性と肥培管理 II．秋期の施肥時期が翌春収量に及ぼす影響．北海道立農試集報 30：65-74.
佐々木高行・岩泉允・斎藤浩(1991)多雪地帯における小麦の初冬播栽培について．北農 58：308-313.
佐藤導謙・沢口敦史(1998)北海道中央部における春播コムギの初冬栽培に関する研究―播種期と越冬性について．日作紀 67：462-466.
佐藤彩有・景山幸二・百町満朗(1999) *Humicola grisea* var. *grisea* M6834菌株による芝草の各種雪腐病の生物防除．日植病報 65：354.
清水基滋・宮島邦之(1992)コムギスッポヌケ症の発生分布について．日植病報 58：147-148.
Shchukovskaya AG, Shestepyorov AA, Babosha AA, Ryabchenko AS and Tkachenko OB (2012) Psychrotolerant mycohelminths *Aphelenchus avenae*, *Aphelenchoides saprophilus*, and *Paraphelenchus tritici* as potential bioagents against pink (*Microdochium nivale*) and speckled (*Typhula ishikariensis*) snow mold fungi. Plant and Microbe Adaptations to Cold 2012, Program and Abstracts: 87.
Smith JD and Davidson JGN (1979) *Acremonium boreale* n. sp., a sclerotial, low-temperature-tolerant, snow mold antagonist. Can. J. Bot. 57: 2122-2139.
田引正・西尾善太・伊藤美環子・山内宏昭・高田兼則・桑原達雄・入来規雄・谷尾昌彦・池田達哉・船附雅子(2011)超強力秋まき小麦新品種「ゆめちから」の育成．北海道農研報 195：1-12.
高松進・宮越盈・間脇正博・山田充(1985)ムギ褐色雪腐病および雪腐褐色小粒菌核病の発生と播種期との関係．北陸病虫研報 33：111-114.
高山光男(2005)アルファルファ新品種(品種登録申請中)「SBA9801」．牧草と園芸 53(2)：7-10.
竹田芳彦・中島和彦(1991a)根釧地域に適応するアルファルファ(*Medicago sativa* L.)品種の特性 1. 造成年における耐冬性とその関連形質の品種間変異．Grassland Science 43：144-149.
竹田芳彦・中島和彦(1991b)根釧地域に適応するアルファルファ(*Medicago sativa* L.)品種の特性 2. 2年目以降における耐冬性とその関連形質の品種間変異．Grassland Science 43：150-156.
竹田芳彦・中島和彦(1991c)根釧地域に適応するアルファルファ(*Medicago sativa* L.)品種の特性 3. 自然発病によるそばかす病罹病程度の品種間変異．Grassland Science 43：157-163.

竹田芳彦・中島和彦(1991d)そばかす病がアルファルファの耐凍性，越冬性および翌春収量に及ぼす影響．北海道草地研究会会報 25：111-114.

竹田芳彦・中島和彦・越智弘明(1990)根釧地域におけるアルファルファ品種の初年目越冬性と2，3の形質との関係．北海道草地研究会会報 24：94-96.

竹田芳彦・内山和宏・中島和彦・山口秀和(1998)アルファルファ(*Medicago sativa* L.)品種におけるそばかす病抵抗性の個体変異並びにその選抜効果．Grassland Science 44：73-79.

手塚光明・古明地通孝(1980)天北地方におけるペレニアルライグラスの越冬性と晩秋季収量の品種間差異．北海道立農試集報 44：52-61.

冨山宏平(1955)麦類雪腐病に関する研究．北海道農試報告 47，234頁.

植田精一・我有満・松浦正宏・杉信賢一・眞木芳助・佐藤博保・早川力夫・宮下淑郎・西村格・金子幸司・村上馨(1985)アルファルファの新品種「キタワカバ」の育成とその特性．北海道農試研報 143：1-21.

Wäli PR, Helander M, Nissinen O and Saikkonen K (2006) Susceptibility of endophyte-infected grasses to winter pathogens (snow molds). Can. J. Bot. 84: 1043-1051.

Wu C and Hsiang T (1999) Mycelial growth, sclerotial production and carbon utilization of three *Typhula* species. Can. J. Bot. 77: 312-317.

Wu C, Hsiang T, Yang L and Liu LX (1998) Efficacy of *Typhula phacorrhiza* as a biocontrol agent of grey snow mould of creeping bentgrass. Can. J. Bot. 76: 1276-1281.

山神正弘・奥村純一(1976)晩秋から早春にかけての生育特性と肥培管理(3) III 模擬的越冬実験による越冬，再生過程での施用窒素の動きについて．北海道立農試集報 34：41-50.

山口秀和・内山和宏・澤井晃・我有満・植田精一・真木芳助・松浦正宏・杉信賢一・佐藤倫造・竹田芳彦・中島和彦・千葉一美・越智弘明・澤田嘉昭・玉掛秀人(1995)アルファルファの新品種「ヒサワカバ」の育成とその特性．北海道農試研報 161：17-31.

柳沢朗・谷藤健・荒木和哉・天野洋一・前野眞司・田引正・佐々木宏・尾関幸男・牧田道夫・土屋俊雄(2000)秋まき小麦新品種「ホクシン」の育成について．北海道立農試集報 79：1-12.

柳沢朗・吉村康弘・天野洋一・小林聡・西村努・中道弘司・荒木和哉・谷藤健・田引正・三上浩輝・池永充伸・佐藤奈奈(2007)秋まき小麦新品種「きたほなみ」の育成について．北海道立農試集報 91：1-13.

谷津英樹(2009)北海道向け雪印種苗㈱育成牧草品種の特性と利用法．牧草と園芸 57(2)：1-2.

おわりに

病気は病原菌・宿主・環境の 3 つの要因の相互関係で成立する。積雪に大きく依存する雪腐病では，環境がもっとも強くその発生に影響する。1974/75 年冬の道東における雪腐大粒菌核病の大発生は環境(気象)の重要性を顕著に表している。その後，これほどの雪腐病の発生はない。それは被害を未然に防ぐ技術開発によるところ大であるが，近年の気象変動が関わっていることも間違いない。道東では根雪が早く始まるようになり，土壌はそれほど深く凍結することはなくなる一方，雪腐病菌の発生相にも変化が見られるようになった。このような変化に対し関係者がどのように対応していったかは，第 5 章や Matsumoto(2013)で述べられている。雪腐大粒菌核病がひどく発生しなくなったため，ペレニアルライグラスも利用期間を 3 年と限ることで，場所を選べば，放牧地での利用が可能になってきた。また，多雪化により，越冬ニンジンの栽培も道内各地で試みられている。

農業生態系において，予測可能な規則的環境変動に対しては，栽培技術と作物本来の可塑性により著しい生産性の低下を回避することができる。しかし，近年の気象変動は，対応不可能な規模で，しかも不規則に起こる。自然生態系においてはこのような変動に対し，植生の多様性を保つことが有効な手段であるとされている(Kreyling, 2013)。農業は効率重視の立場から均一性を向上させてきたが，今は多様性を考慮すべき段階にきているといえる。まれにしか発生しない雪腐病に対しどのように対処すべきか。牧草は他殖性で，品種は合成品種育種法によりつくられる。したがって，ひとつの品種のなかにも遺伝的変異が存在するので，雪腐病に対してもすべての個体が同じように反応するわけではないと予想される。品種全体として検討される収量や開花時期などの評価項目に加え，個体変異の幅，言い換えれば環境変動に対する回復力(resilience)を評価しておくことも有用である。もちろん，マメ科牧草とイネ科牧草の混播あるいは異なる草種・品種の混播も resilience という面からは検討する価値はあるだろう。そうすることで，発生変動の著しい雪腐病から植物群落全体として被害を回避し，毎年安定的に生産量を維持することが可能になる。自殖性の秋播コムギでは，品種開発において今後もある程度の雪腐病抵抗性レベルを維持することは必須であるが，輪作を徹底することで被害を回復できる。

温暖化傾向は雪腐病の発生を抑制する。米国ワシントン州の一部(Murray et al., 1999)やノルウェー南部では積雪がなくなり，雪腐病は発生しなくなった。このような変化は，従来の農業生産体系をそのままより北部へと拡張することを可能にするだろう。すなわち従来雪腐病が発生していた場所では，越冬性は低くても，より収量性の高い品種・作物が栽培されるであろうし，いままで耕作不可能とされていた，より北部では新たに導入された作物において雪腐病が問題になるだろう。Tronsmo(2013)は，ノルウェーのような高緯度地帯では作物の導入はそれほど簡単に行われるものではなく，作物の日長反応を改善する必要性を説いている。以上の見通しに立って，従来から得られた知見に加え，分子生物学手法がもたらした新しい発見のなかから有用なものを選び，組み合わせて実用に供するため，今後は多分野の協力がさらに不可欠になる(Bertrand and Castonguay 2003)。

1975年の春は牧草に未曾有の雪腐病が発生した。そのため，北海道農業試験場牧草第3研究室長(当時)荒木隆男博士は，新任の私に雪腐病を研究テーマとして与えられた。最初の3年間はひたすら積雪を掘って病気の進展を観察し，やがて北海道を中心に各地の雪腐病を観察する機会を得た。この間多くの研究者，特に北海道立農業試験場(当時)の研究者にはお世話になった。また，世界中の雪腐病研究者とも懇意になった。農業研究機関以外にも大学や産総研，企業の研究者との共同研究もあった。雪の下は厳しい世界ではあったが，暖かくもあった。ここに改めて各位に謝意を表したい。

雪腐病に関する単行本は本書が世界で最初と思われる。刊行に際しては北海道大学大学院農学研究院造林学教室・小池孝良教授にご助力いただいた。御礼申し上げたい。

[引用文献]

Bertrand A and Castonguay Y (2003) Plant adaptations to overwintering stress and implications of climate change. Can. J. Bot. 81: 1145-1152.

Kreyling J (2013) Winter climate change and ecological implications in temperate systems. In eds. Imai R, Yoshida M, and Matsumoto N, Plant and Microbe Adaptations to Cold in a Changing World. Springer, New York (in press). ISBN 978-1-4614-8252-9

Matsumoto N (2013) Change in snow mold flora in eastern Hokkaido and its impact on agriculture. In eds. Imai R, Yoshida M, and Matsumoto N, Plant and Microbe Adaptations to Cold in a Changing World. Springer, New York (in press). ISBN 978-1-4614-8252-9

Murray T, Jones S and Adams E (1999) Snow mold diseases of winter wheat in Washington. College of Agriculture and Home Economics, Pullman, Washington EBI880 8pp.

Tronsmo AM (2013) Snow moulds in a changing environment - a Scandinavian perspective. In eds. Imai R, Yoshida M, and Matsumoto N, Plant and Microbe Adaptations to Cold in a Changing World. Springer, New York (in press). ISBN 978-1-4614-8252-9

索　引

【ア行】
アイスランド　ii,2,47,75
赤かび病　28,90,91
アカクローバ　89
秋播コムギ　4,85,91,96,110,111,124,125,126
アスコルビン酸　17
アルファルファ　89,97
イギリス　68,90
異系交配　78
異系交配者　62
遺跡　81
イタリアンライグラス　68
一次定着者　14
1番草　133
一核体　63
遺伝的個体　32
イラン　68
永久凍土　52,53
エコタイプ　43,45,75
越冬性　133,134,135
エンドファイト　92,131
オーチャードグラス　2,3,4,34,85,86
オレイン酸　53
温暖化傾向　ii,146

【カ行】
外皮層　42,73,74,81,83,132
回復力　145
攪乱　35,36
可塑性　72
褐色雪腐病菌　17,53
カナダ　2,11,12,47,76,89,95,96,97,130,132,139
株腐病菌　28
刈取り　112,133
カロチン　17
韓国　13,88
完全時代　89,90,91
感染ポテンシャル　47
寒冷積雪地帯　i,2
危険帯　112
偽柔組織　81
気象変動　ii,145
キチナーゼ　116,117
拮抗菌　129
極地　14,47
菌核　5,6,39,81,82
菌核サイズ　38,42,46
菌核発芽　39,40
菌寄生菌　71,79,81
菌糸伸長　51
菌糸融合　28
空気伝染　26,68,126
雲形病菌　28
クラウン　114,115,116
グルカナーゼ　116,117
グループIII　16,17,49,50,74,79
クローン　78,79
抗菌物質　117
酵素　48,51
硬実　41
耕種的防除　125
紅色雪腐病　10,91
紅色雪腐病菌　8,29,52
交配不和合性因子　32,33,63,70,76

小型菌核フォーム　36,43
コケ　14,94
ゴジラパッチ　34
個体　28,30
個体間競争　30
個体群構造　35,36,79
ゴルフ場　4,45,131
混合接種　29,31
根釧地方　134
コーンミール培地　17

【サ行】

細菌　14,131,132
細胞質(不)和合性　28,29
酸化作用　49
ジェネット　32,33,35,36,70
ジェネラリスト　38
資源　26
子実体　6,46,68,70,84
脂質転移蛋白　117
糸状菌　14
糸状菌相　8,10
シスタチン　117
子のう菌　51
子のう胞子　6,38,40,84,91
芝草　89,124,125,126,130
縞萎縮病　137,138
種間交配　73
宿主・病原菌相互関係　91,92
種子消毒　127
条件的雪腐病菌　26,27
少産少死　36
縄文時代　81
ショ糖　16
浸透圧　16,51,113
髄組織　79,81,84
水分含量　113,114
スカンジナビア　47
スッポヌケ病　137
ストレス　7
スーパーMCG　32,33
スペシャリスト　38,75
棲み分け　65
生育適温　8,15,16,17,18,51,76,96
生活史　6,16
生活相　124,129
青酸　97
生息場所　7,26,27,35,37,42,43,130
生態的万能性　68,73
生物型　74,79
生物型A　31,33,36,37,79,80,81
生物型B　33,34,36,38,43,78,82,135
生物型C　43
生物種　74,75,78
生物的要因　i,2,117
生物防除　125
生存戦略　5,32,35,42,43
積雪期間　38
積雪指数　42
積雪予測性　40,42
接合菌　3,12
絶対的雪腐病菌　28
施肥　133,136
セルロース　53
遷移　14
仙台　36
仙台平野　43,45
双子葉植物　76
そばかす病　134,135,136
ソルビトール　16,51

【タ行】

ダイカリオン　63,71,77,78
耐雪型　111,113
耐凍型　111,113
耐凍性　4,50,76,85,111,112,113,114,115,117,134,135
ダイ・モン交配　63,64

高畦栽培 85
多産多死 35,70,72
多様性 145
担子菌 51,63
担子胞子 6,35,46,63,68,76
単子葉植物 76
窒素 12,13
チモシー 4,85,86,108,109
中温性 9,10,89
中国 88
貯蔵養分 10,11,46,52,76,111,113,115,133
土寄せ 91
ツボカビ 3
ツンドラ 48
低温馴化 108
低温ショック蛋白 117
低温性酵素 48
低温適応 48
抵抗性 10,136,137
抵抗性育種 111,135
ディフェンシン 117
テスター 65
デハードニング 108,116
ドイツ 68
凍結 47,48,50,51
凍結処理 49
凍結保護剤 53
凍上 91,134
冬損 2
道東 ii,3,33,85,95
土壌伝染 26,43,46,68,78,90,126,127
土壌凍結 ii,85

【ナ行】

内生菌 92
苗立枯病 28
二核体 63
二次菌核 39,78
ニッチ 26,66
熱ヒステリシス 50
根雪 4,85
農薬 45,125
ノルウェー 2,3,16,50,74,76,79,89,146

【ハ行】

バイオマス 3,11,12
培地の浸透圧 51
播種期 108,109,133
パッチ 30,31,34
発病適温 96
ハードニング 52,108,111,112,113,116,117
春播コムギ 110
繁殖体 78
非構造性炭水化物 113
微生物活性 12
非生物的ストレス 117
非生物的要因 i,2,117
ヒートショック蛋白 48
ヒトヨタケ 25,97
氷期 33
氷結 i,ii
氷晶 51
氷雪圏 14,16,26,94
日和見感染 7,11
品種間差 108,112
フィンランド 2,11,12
フェアリーリング 34,35
腐生菌 68,88,96
二股がけ 47
物質循環 11
不凍蛋白 116
冬枯れ 2
フルクタン 53,113,115,116
分生子 89,90,91

分類群内変異　73
米国　2,11,12,75,78,91,93,110,138,146
ヘテロタリック　90,92
ベルギー　68
ペレニアルライグラス　3,85,131
変種　73,90
ベントグラス　4,53,90,95
牧草　35,124
ホモタリック　90,92
ポーランド　47

【マ行】
マメ科牧草菌核病菌　8
メドウフェスク　85,91
木材腐朽菌　28
モノカリオン　63,71,76,78
モン・モン交配　63,64,75

【ヤ行】
有性生殖　63
有性世代　70,75,78
遊走子　17,18,93
雪腐褐色小粒菌核病　93
雪腐褐色小粒菌核病菌　6,29,33,35,38,40,47,68,93
雪腐黒色小粒菌核病　30,34,43,135
雪腐黒色小粒菌核病菌　4,6,16,18,29,30,31,33,36,81
雪腐小粒菌核病菌　8,29,35,51,95
雪腐大粒菌核病　3,4,95
雪腐大粒菌核病菌　6,16,29,38,39,51

【ラ行】
裸子植物　76
卵胞子　18,54
リサイクル　11
リター　11,12
陸橋　33,34,79
リノール酸　53
リノレン酸　53
輪作　4,81,125,146
ロシア　39,76,82,88

【A】
Athelia　95

【B】
bet-hedging　47

【C】
CMA　17
CO_2　12
collectivism　26
Coprinus psychromorbidus　50,97
cryophile　15
cryophilic fungi　14

【D】
D-マンニトール　16
decay column　28
Dematiaceae　80

【H】
hyphal swelling　54

【I】
individualism　26,27
inoculum potential　47

【K】
KCl　51

【L】
LTB　28,50,96
LTP　117

【M】
MCG　28,31,32,34,79
Microdochium nivale　27

【O】
outbreeder　62

【P】
PAL　116
PDA　16,17
PR蛋白　116
propagule　78
Pseudomonas fluorescens　130,131
psychrophile　14,15,18
psychrotolerant　15,18
Pythium　14,54,94
Pythium iwayamai　16,17,18,53,93
Pythium okanoganense　17,18
Pythium paddicum　93
Pythum polare　53
Pythium ultimum var. *ultimum*
53,94

【R】
Racodium therryanum　13
resilience　145
rind　42,74,81

【S】
Sclerotinia borealis　16
Sclerotinia intermedia　88
Sclerotinia nivalis　18,88

【T】
TNC　113
Typhula berthieri　68
Typhula FW　73
Typhula graminum　68
Typhula idahoensis　73,76,78
Typhula incarnata　68,93
Typhula ishikariensis　16,73,74,75
Typhula ishikariensis var. *canadensis*
73
Typhula ishikariensis 複合体　73,74
Typhula phacorrhiza　130,131
Typhula spp.　50,95

【V】
variety　73

松本直幸（まつもと　なおゆき）
1950年　香川県高松市に生まれる
1973年　名古屋大学農学部卒業
1975年　名古屋大学大学院農学研究科修士課程修了，
北海道農業試験場
1983年　日本植物病理学会学術奨励賞受賞
1986年　日豪科学技術交流研究員（ニューサウスウェールズ大学）
1988年　農学博士（北海道大学）
1992年　OECD 特別研究員（ノルウェー植物保護研究所）
1993年　農業環境技術研究所
2004年　日本植物病理学会賞受賞
2007年　北海道農業研究センター
2011年　同センター定年退職
2012年　北農賞受賞
現　在　（独）農業・食品産業技術総合研究機構フェロー
北海道大学大学院農学研究院研究員
主　著　植物病理学（文永堂出版），植物病理学事典（養賢堂），Plant Cold Hardiness（Plenum）いずれも分担執筆，Plant and Microbe Adaptations to Cold in a Changing World（Springer）分担編集など

雪腐病
2013年12月10日　第1刷発行

著　　者　松本　直幸
発 行 者　櫻井　義秀

発行所　北海道大学出版会
札幌市北区北9条西8丁目 北海道大学構内（〒060-0809）
Tel. 011(747)2308・Fax. 011(736)8605・http://www.hup.gr.jp/

㈱アイワード

ISBN978-4-8329-8213-0